Python
商业数据分析

零售和电子商务案例详解

零一 著

电子工业出版社
Publishing House of Electronics Industry
北京·BEIJING

内 容 简 介

本书以零售和电子商务为业务背景，使用Python工具解决业务场景中的数据分析需求。全书涵盖数据采集、数据存储、数据处理、数据分析、数据可视化和数据建模的内容。

本书适合零售和电子商务运营人员以及想要从事商业数据分析工作的人员阅读，也可以作为高校和培训机构相关课程的教材。

图书在版编目（CIP）数据

Python商业数据分析：零售和电子商务案例详解 / 零一著. —北京：电子工业出版社，2021.7

ISBN 978-7-121-41381-0

Ⅰ．①P… Ⅱ．①零… Ⅲ．①软件工具－程序设计Ⅳ．①TP311.561

中国版本图书馆CIP数据核字（2021）第116802号

责任编辑：张慧敏　石　倩

印　　刷：三河市君旺印务有限公司

装　　订：三河市君旺印务有限公司

出版发行：电子工业出版社

　　　　　北京市海淀区万寿路173信箱　　邮编：100036

开　　本：720×1000　　1/16　　印张：16.5　　字数：332千字

版　　次：2021年7月第1版

印　　次：2021年7月第1次印刷

定　　价：79.00元

凡所购买电子工业出版社图书有缺损问题，请向购买书店调换。若书店售缺，请与本社发行部联系，联系及邮购电话：（010）88254888，88258888。

质量投诉请发邮件至zlts@phei.com.cn，盗版侵权举报请发邮件至dbqq@phei.com.cn。

本书咨询联系方式：（010）51260888-819，faq@phei.com.cn。

推荐序

我个人从事数据挖掘及大数据分析工作已经超过 25 年。对于要如何成为一个好的数据科学家，我个人认为要具备以下三个特质：

第一是对数据的热爱，见到数据就像见到心仪的人一样，想去亲近它，想去了解它。

第二是对相关数据分析工具的纯熟运用，让你能随心所欲地驾驭数据。

第三是懂得如何将数据分析与行业领域知识相结合，让数据分析能有效地协助领导做出适当的决策。

我所认识的零一就是具备这三项特质的一个人。听到他要出书，我很高兴，因为对于热爱数据分析的工作者又有福了。

零一的这本书从数据挖掘及商业数据分析的基础开始，循序渐进地引导读者，熟悉相关的数据分析的概念及工具。之后用市场分析、店铺数据化运营、数字营销及销售预测等案例，让读者了解如何将数据分析与零售和电子商务的实务进行完美的结合。本书的整体编排及架构我很喜欢，相信读完此书的人也会有同样的感受。

我们最近经常听到一句话就是，机器及将取代人力，因此还吓坏了许多人。其实从我的角度来说，要取代人的机器，还是人设计出来的。因此，解决这个问题的关键就是你自己。不仅仅机器需要深度学习，更需要深度学习的还是我们自己。零一的这本书就是大家开始深度学习的基础，是值得推荐的一本好书。

李御玺（Yue-Shi Lee）
台湾大学资讯工程博士
铭传大学资讯工程学系教授
中华资料采矿协会理事

前言

    Python 已经成为时下最热门的计算机语言之一，应用范围十分广泛，甚至进入了小学课堂。目前许多书籍内容还是以学习如何使用 Python 工具为主，在实际应用方面相对较少，特别是在零售分析方面的应用少之又少。大部分企业做数据分析还是以 Excel 为主。在这个背景之下，笔者写这本书是为了能把 Python 带入普通企业中。Excel 能做的事情，Python 都可以完成，但是 Python 能做的事情，Excel 未必可以做。

    全书分为 6 章。第 1 章介绍 Python 基础；第 2 章重点介绍数据采集、数据库，以及常用的 NumPy、Pandas、matplotlib 库；第 3 章重点介绍市场分析案例；第 4 章重点介绍 SEO、推广方案和竞品分析的案例；第 5 章重点介绍数字营销案例；第 6 章重点介绍销售预测案例。

    这本书对 Python 零基础的读者较不友好，建议 Python 零基础的读者配套基础入门书籍学习。读者如果具备 Python 基础，可以直接从第 2 章读起。考虑到数据的敏感性和难度，本书案例在数据上做了部分精简，目前保留的案例数据集最大的只有 500MB，从学习和掌握本书所述方法的角度，可以满足需求。

    最后，鉴于作者的水平有限，书中存在的不足之处请读者谅解。

作者

2021 年 5 月

目录

Python基础

Python 是本书所选用的工具，在开始进行数据分析之前，需要掌握 Python 的基础使用方法。

1.1 安装 Python 环境

Python 语言支持 Windows、Linux、mac OS 等操作系统，如果是个人学习，则建议使用 Windows 系统。

1.1.1 Python 3.6.2 安装与配置

根据 Windows 版本（64 位 /32 位）从 Python 官网下载对应的安装文件，如图 1-1 所示。

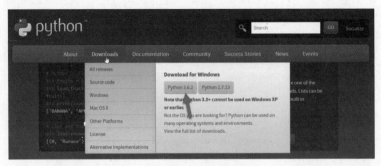

图 1-1 Python 官网下载界面

下载完成后，双击文件以运行安装程序，按提示安装 Python，如图 1-2 所示。

图 1-2 Python 安装界面 1

勾选 "Add Python 3.6 to PATH" 选项后单击 "Customize installation" 选项。

这个选项用于将 Python 3.6 加入系统路径，勾选该选项会使日后的操作非常方便；

如果没有勾选这个选项就需要手动为系统的环境变量添加路径。

在弹出的选项卡中勾选所有的选项，并单击"Next"按钮，如图 1-3 所示。

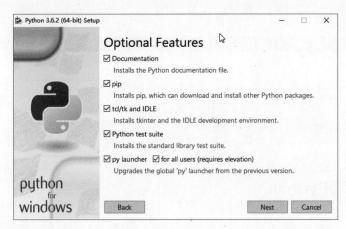

图 1-3　Python 安装界面 2

- 选项"Documentation"表示安装 Python 的帮助文档；
- 选项"pip"表示安装 Python 的第三方包管理工具；
- 选项"tcl/tk and IDLE"表示安装 Python 的集成开发环境；
- 选项"Python test suite"表示安装 Python 的标准测试套件。

最后两个选项表示允许版本更新。

保持默认勾选状态，单击"Browse"按钮，选择安装路径，如图 1-4 所示。

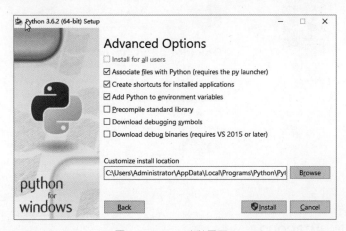

图 1-4　Python 安装界面 3

单击"Install"按钮，直至完成安装。

安装好后，调出命令提示符，输入"python"，检查是否安装成功。如果 Python 安装成功，则将出现如图 1-5 所示的界面，即输入"python"后，会看到">>>"符号。

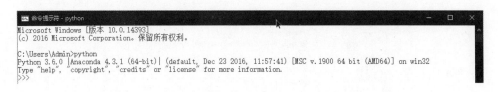

图 1-5 从命令提示符进入 Python

1.1.2 获取 PyCharm

安装好环境后，还需要配置一个程序员专属的 IDE 工具，即 PyCharm，它是一个适用于开发的多功能 IDE（集成开发环境），可以下载社区版（免费版）。

笔者使用的版本是 2017.2.2，发行日期是 2017 年 8 月 24 日，请在 PyCharm 官网下载，下载页面如图 1-6 所示。

PyCharm 非常好用，通过 PyCharm 还可以下载、安装和管理库。

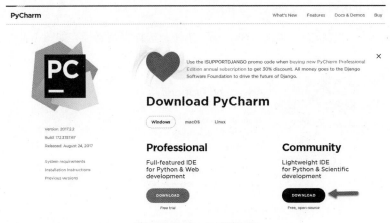

图 1-6 PyCharm 下载页面

1.1.3 获取 Anaconda

Anaconda 是一个专门用于统计和机器学习的 IDE，它集成了 Python 和许多基础的库，如果业务场景是统计和机器学习，那么只要安装一个 Anaconda 就可以高枕无忧了，所需的库都已经集成了，省去许多复杂的配置过程。

在 Anaconda 的官方网站下载，首页如图 1-7 所示。

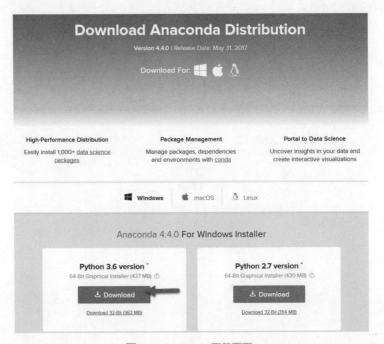

图 1-7　Anaconda 下载页面

默认下载的是 64 位的版本，如果需要 32 位的版本，则可以单击 "Download" 按钮下的 "Download 32-Bit" 文字链接。

使用 Anaconda 不需要提前安装 Python，安装后即可运行：通过快捷键【Win+R】调用运行窗口，输入 "ipython jupyter"，然后单击 "确定" 按钮（见图 1-8）。

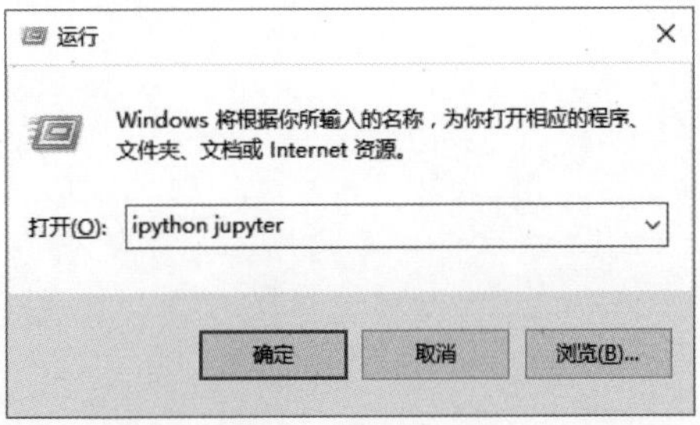

图 1-8　运行窗口

1.2 Python 操作入门

Python 语言是一门简单易学的语言，实现同样的功能，Python 的代码量相当于其他语言的 1/10~1/5。

1.2.1 编写第一段 Python 代码

以 PyCharm 为例，运行 PyCharm 后，需要先新建计划，单击"Create New Project"选项（见图 1-9）。

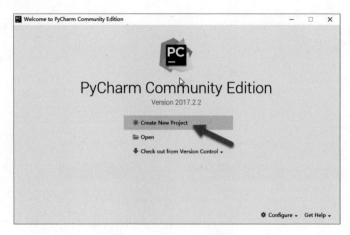

图 1-9 PyCharm 欢迎界面

设置 Location（路径）和 Interpreter（翻译器），笔者同时安装了 Python 和 Anaconda，所以图 1-10 中的翻译器有两个可选项，二者的区别在于 Anaconda 中有许多预置好的库，不用再配置库了，相对方便一些。这里选择 Python 原版的翻译器，然后单击右下角的"Create"按钮。

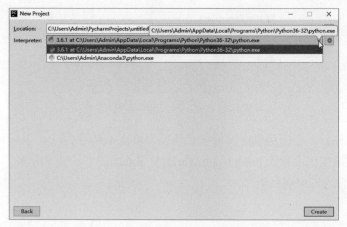

图 1-10　PyCharm 创建项目界面

新建 Project（计划）后，在左侧的项目窗口，右击鼠标，在快捷菜单中选择
"New"→"Python File"命令，新建 Python 文件（见图 1-11）。

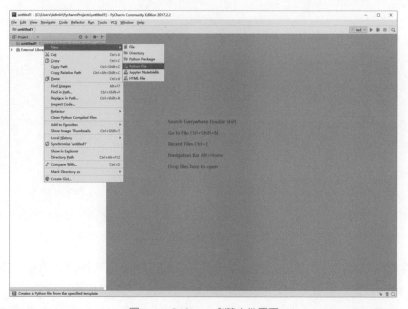

图 1-11　PyCharm 创建文件界面

在弹出的"New Python file"对话框中设置"Name"（文件名），然后单击右下
角的"OK"按钮（见图 1-12）。

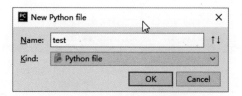

图 1-12 PyCharm 设置文件名界面

　　新建文件后，右侧的空白区域就是代码编辑区（见图 1-13）。从"Hello World"开始吧！在编辑区中输入 print('Hello,World!')。print() 是一个打印函数，表示将括号中的文本打印在即时窗口中。

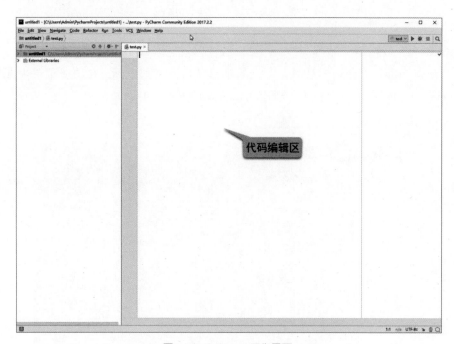

图 1-13 PyCharm 工作界面

　　将鼠标光标停留在括号右侧，单击鼠标右键，在弹出的快捷菜单中选择"Run 'test'"命令，其中单引号中的 test 是当前的文件名，一定要注意运行的文件名和当前的文件名保持一致，如图 1-14 所示。运行后可以观察到即时窗口中出现"Hello，World！"。

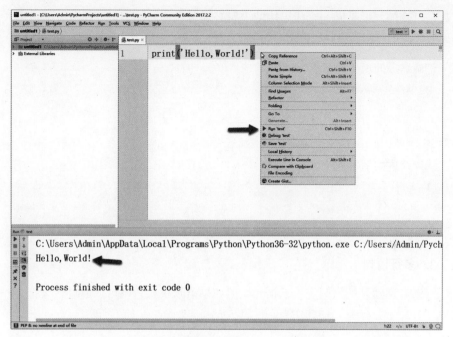

图 1-14　PyCharm 运行代码结果界面

1.2.2　Python 基本操作

1. Python 注释

注释的目的是让阅读人员能够轻松读懂每一行代码的意义，同时也为后期代码维护提供便利。在 Python 中，单行注释以 # 号开头，在 pyCharm 中注释的快捷键是【Ctrl+/】，如下所示。

```
# 第一个注释
print('Hello,Wold!')# 第二个注释
```

Python 的多行注释用两个三引号（"""）包含起来，如下所示。

```
"""
第一行注释
第二行注释
"""
print('Hello,World!')
```

2. Python 的行与缩进

Python 最具特色的就是使用缩进来表示代码块，不需要使用花括号。缩进的空

格数是可变的，但是同一个代码块的语句必须包含相同的缩进空格数，缩进不一致会导致代码运行错误。

正确缩进的示例如下。

```
if True:
    print("True")
else:
    print("False")
```

错误缩进的示例如下。

```
if True:
    print("True")
else:
print("False")
```

3. 多行语句

Python 通常是一行写完一条语句，但如果语句很长，则可以通过转义符——反斜杠（\）来表示续行，使其作为完整的一行内容来输出，如下所示。

```
weekdays="Little Robert asked his mother for two cents.\
 'What did you do with the money I gave you yesterday?'"
print(weekdays)
```

输出结果

"Little Robert asked his mother for two cents. 'What did you do with the money I gave you yesterday?'"

4. 等待用户输入

Python 中的 input() 函数是用来与用户进行交互的，如下所示。

```
print("Who are you?")
you=input()
print("Hello!")
print(you)
```

输出结果

"Who are you?"。

当用户输入 Lingyi，然后按下【Enter】键时，程序会继续运行。

输出结果

Hello!
Lingyi

1.2.3 Python 变量

1. 变量赋值

变量是程序员给程序中的数据命名，便于程序员记忆及调用。

在编辑区输入以下代码。

```
a = 42
print(a)
```

注意：Python 的变量无须提前声明，赋值的同时也就声明了变量。

2. 变量命名

Python 中具有自带的关键字（保留字），任何变量名不能与之相同。在 Python 的标准库中提供了一个 keyword 模块，可以查阅当前版本的所有关键字，如下所示。

```
import keyword
print(keyword.kwlist)
```

1.2.4 Python 数据类型

Python 中有 6 种常见的数据类型：number（数字）、string（字符串）、list（列表）、tuple（元组）、sets（集合）、dictionary（字典）。

1. 数字

（1）数字类型

Python 3 支持 4 种类型的数字：int（整数类型）、float（浮点类型）、bool（布尔类型）、complex（复数类型）。在 Python 3 中可以使用 type() 函数来查看数字类型，如下所示。

```
a=1                      b=3.14                   c=True
print(type(a))           print(type(b))           print(type(c))
输出结果 <class 'int'>    输出结果 <class 'float'>   输出结果 <class 'bool'>
```

（2）Python 3 所支持的运算类型包括加法、减法、除法、整除、取余、乘法和乘方。

```
print((3+1))             # 加法运算，输出结果为 4
print((8.4-3))           # 减法运算，输出结果为 5.4
print(15/4)              # 除法运算，输出结果为 3.75
print(15//4)             # 整除运算，输出结果为 3
print(15%4)              # 取余运算，输出结果为 3
print(2*3)               # 乘法运算，输出结果为 6
print(2**3)              # 乘方运算，输出结果为 8
```

2. 字符串

（1）字符类型

字符串是由数字、字母、下画线组成的一串字符，在程序中一般使用单引号、双引号和三引号来定义字符串。单引号示例：print('welcome to hangzhou')，其中所有的空格和制表符都照原样保留。单引号与双引号的作用其实是一样的，但是当引号里包含单引号时，该引号则需使用双引号，例如：print("what's your name?")。三引号可以指示一个多行的字符串，也可以在三引号中自由使用单引号和双引号，如下所示。

```
print('''Mike:Hi,How are you?
LiMing:Fine,Thank you!and you?
Mike:I'm fine, too! ''')
```

（2）引号的表示方式

如果要在单引号字符串中使用单引号本身，在双引号字符串中使用双引号本身，则需要借助于转义符——反斜杠（\），如下所示。

```
print('what\'s your name?')
```

输出结果

what's your name?

注意：在一个字符串中，行末单独的反斜杠（\）表示续行，而不是开始写新的一行（详见1.2.2节），另外可以使用双反斜杠（\\）来表示反斜杠本身，而 \n 表示换行符，\t 表示一个【Tab】键。

如果想要指示某些不需要使用转义符进行特别处理的字符串，那么需要指定一个原始字符串。原始字符串通过给字符串加上前缀 r 或 R 的方式指定，比如需要原样输出 \n，而不是令其换行，则代码如下。

```
print(r"Newlines are indicated by \n")
```

输出结果

Newlines are indicated by \n

（3）字符串的截取

字符串的截取格式如下所示。

```
字符串变量 [start_index:end_index+1]
```

此处解释一下末尾为什么+1：字符串的截取从 start_index 开始，到 end_index 结束，也就是大家常理解的左闭右开，如下所示。

```
str='Lingyi'
print(str[0])          # 输出结果为 L
print(str[1:4])        # 输出结果为 ing
print(str[-1])         # 输出结果为 i
```

（4）字符运算

尝试下面的代码。

```
num=1
string='1'
print(num+string)
```

此时，运行程序会报错，错误提示如下所示，为什么呢？

```
TypeError: unsupported operand type(s) for +: 'int' and 'str'
```

语句在赋值时右侧用了单引号，数据类型是字符串（string）。

```
string='1'
```

语句的数据类型为整型（integer）。

```
num=1
```

不同的数据类型之间是不能进行运算的，但是不同数据类型可以相互转换，通过数据类型转换后就可以正常运行，修改后的代码如下。

```
num=1
string='1'
num2=int(string)
print(num+num2)
```

注意："+"用在字符串中间是连接符，用在数值中间是运算符：int() 是将括号中的数值或者文本转换成整型数据类型。

运行后，即时窗口中打印的结果是 2，如图 1-15 所示。

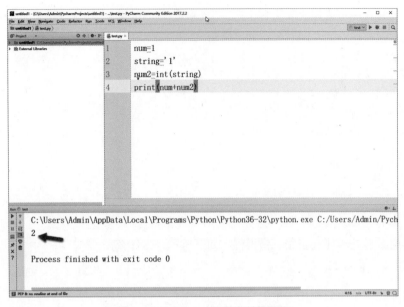

图 1-15　PyCharm 代码运行结果界面

使用"+"进行四则基础运算，代码如下。

```
a=1
b=2
c=a+b
print(c)
```

因为相加的双方是数值型，此时"+"是运算符。

输出结果

3

相加的双方是字符型数据，此时"+"是连接符，代码如下。

```
a=1
b=2
c='a'+'b'
print(c)
```

输出结果

ab

3. 列表

（1）列表格式。

　　Python 列表是任意对象的有序集合，列表写在中括号"[]"里，元素之间用逗号隔开。任意对象，既可以是列表嵌套列表，也可以是字符串，代码如下。

```
list=["Python",12,[1,2,3],3.14,True]
print(list)# 运行结果为 ['Python', 12, [1, 2, 3], 3.14, True]
```

　　（2）列表的切片。

　　每个 list（list 是笔者自定义的变量）中的元素从 0 开始计数，也可以从 -1 开始往后递减，-1 表示列表的最后一个值，如下代码可以选取 list 中的第一个元素。

```
list=[1,2,3,4]
print(list[0])
print(list[-1])
```

输出结果

```
1
4
```

　　列表删除操作可以使用 remove() 方法，只需要在变量名字后面加一个句号就可以轻松调用，PyCharm 有自动联想功能，选中目标方法或者函数，按【Tab】键即可快速键入，如图 1-16 所示。

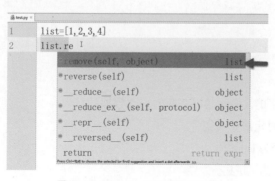

图 1-16　PyCharm 的联想输入界面

　　以下代码用于删除第 3 个元素，并用 print() 命令将结果打印出来。其中 remove()方法用于删除列表的元素。

```
list.remove(3)
print(list) # 运行结果是 [1, 2, 4]
```

4. 元组

　　元组(tuple)与列表类似,不同之处在于元组的元素不能修改。元组写在小括号"()"

里，元素之间则用逗号隔开，代码如下。

```
tuple=['abc',(76,'ly'),898,5.2]
print(tuple[1:3])
```

输出结果

```
[(76,'ly'),898]
```

5. 集合

集合（set）是一个无序不重复元素的序列，可以使用花括号"{}"或者 set() 函数创建集合。需要注意的是，一个空集必须使用 set() 函数创建，而不能使用花括号"{}"，因为花括号"{}"是用来创建空字典的，代码如下。

```
age1 = {18,19,18,20,21,20}
age2 = {18,19,30}
print(age1)
print(age2)
```

输出结果

```
{18,19,20,21}
{18,19,30}
```

集合运算的含义如下。

- s|t：并集。
- s&t：交集，共有部分的数据。
- s-t：差集。
- s^t：对称差集，去除共有部分的全部数据。
- s|=t：把 t 的元素并入 s。
- s<t：s 是否为 t 子集。
- s>t：s 是否为 t 超集。
- s.isdisjoint(t)：s 和 t 是否有交集。

代码如下所示。

```
age1 = {18,19,21,20}
age2 = {18,19,30}
print(age1|age2)
print(age1&age2)
```

输出结果

```
{18, 19, 20, 21, 30}
{18, 19}
```

6. 字典

字典是一种可变容器模型，且可存储任意类型对象，用"{}"标识。字典是一个无序的键（key）值（value）对的集合，格式如下所示。

```
dic = {key1 : value1, key2 : value2 }
```

建立一个字典，代码如下。

```
information={
  'name':'liming',
  'age':'24'
}
print(information)
```

输出结果

```
{'name': 'liming', 'age': '24'}
```

其中，name 是一个 key（键），liming 是一个 value（值）。

字典增加数据时，可以使用下面的方法。

```
information['sex']='boy'
print(information)
```

输出结果

```
{'name': 'liming', 'age': '24', 'sex': 'boy'}
```

在字典中删除数据时，可以使用 del 函数，代码如下。

```
del information['age']
print(information)
```

输出结果

```
{'name': 'liming', 'sex': 'boy'}
```

1.2.5 Python 控制语句与函数

程序在一般情况下是按顺序执行的，编程语言提供了各种控制结构，允许复杂的执行路径。

1. 条件语句

接下来进行登录验证操作，首先给变量 password 赋值，然后判断 password（密码）是否正确，正确就打印"login success！"（登录成功！），错误就打印"wrong password"（密码错误）。

```
password = '12345'
if password == '12345':
    print('login sucess!')
else:
    print('wrong password')
```

在 Python 中判断是否相等可以使用两个等号 "=="（单个等号是赋值）。

条件语句的语法如下。

```
if 判断条件 ：
    执行语句……
else ：
    执行语句……
```

2．循环语句

在 Python 中要注意缩进，条件语句根据缩进来判断执行语句的归属。下面用 for 语句实现 1 至 9 的累加，代码如下。

```
sum=0
for i in range(1,10,1):# 不包含 10，实际为 1~9
    sum=i+sum
print(sum)
```

输出结果

45

其中，range 表示范围，i 从 1（第 1 个参数）开始迭代，每次加 1（第 3 个参数），直到 i 变成 10（第 2 个参数），因此，当 i=10 时不执行语句，for 循环是 9 次迭代。# 号代表注释，# 号后面的文本将不会执行。在 PyCharm 中，如果要注释代码，则可以选中代码后按组合键【Ctrl+/】。

for 循环的语法如下。

```
for 迭代变量 in 迭代次数 ：
    执行语句……
```

如果是列表或者字典，就不用 range() 函数，直接用列表或者字典，此时 i 表示列表或者字典中的元素，代码如下。

```
list=[1,2,3,4]
for i in list:
    print(i)
```

输出结果

```
1
2
3
4
```

循环语句除 for 语句外，还有 while 语句。

3. 其他语句

除条件语句和循环语句外，还有 break 语句、continue 语句、pass 语句。

break 语句用于中止循环语句，即循环条件没有 False 条件或者序列还没被完全递归完，也会停止执行循环语句。

break 语句用在 while 和 for 循环中，代码如下。

```
list=[1,2,3,4]
for i in list:
    print(i)
    break
```

输出结果

```
1
```

continue 语句用来告诉 Python 跳过当前循环的剩余语句，然后继续进行下一轮循环。continue 语句同样用在 while 和 for 循环中，代码如下。

```
list=[1,2,3,4]
for i in list:
    print(i)
    continue
    print(" 这是 continue 语句 ")
```

输出结果

```
1
2
3
4
```

pass 语句表示空，代码如下。

```
a = 2
if a == 1 :
    print(a)
```

```
else :
    pass
```

运行结果为空，没有打印内容。

1.2.6 Python 自定义函数

自定义函数能够提高代码的复用性，让代码更简洁。

1. 创建自定义函数

在前面介绍的函数中，print() 是将结果打印出来的函数，int() 是将字符串类型转换成数据类型的函数。类似这种函数，统称为内建函数，内建函数可以直接调用。

有内就有外，外建函数其实就是通常所讲的自定义函数。

自定义函数的语法如下。

```
def f( 参数 ):
        定义过程
        return 返回值
```

def（define，即定义）是创建函数的方法，下面用 def 创建方程 y=5x+2。

```
def y(x):
    y=5*x+2
    return y
```

2. 调用自定义函数

调用自定义函数的方法和调用内置函数相同，直接引用函数名，设置参数即可。

```
# 下面调用自定义函数 y
d=y(5)
print(d)
```

输出结果

27

2

Python商业数据分析基础

想要运用 Python 来完成商业数据分析的工作，就需要了解数据分析的方法论和 Python 用于数据分析的库，只有掌握了数据分析的方法论才能借用 Python 的库来完成相关的工作。

2.1 什么是数据分析

数据分析是什么？数据分析有什么价值？如何开展数据分析？这些问题要从理解数据分析及其方法论开始。

2.1.1 理解数据分析

数据分析是将数据转换成"有用"信息的过程。"有用"两个字之所以打上引号，是因为信息具有指向性，同一个信息对不同的人会有不同的意义，比如某股票未来要涨停的信息，对于股民来讲是机会，是有用信息，但对于非股民来讲，这就没有意义，是无用信息。

数据分析所分析的资料，具有历史性，也就是说我们能分析的就是已经发生过的事实，通过历史事实预测未来会发生什么，这就是数据分析的核心任务。

将数据转换成有用信息中的转换过程是什么样的呢？如图 2-1 所示。

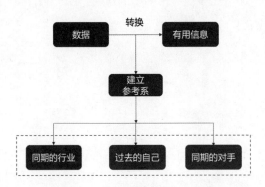

图 2-1 将数据转换成信息的过程

数据之所以能转换成有用信息是基于参考系，这个参考系与我们在物理课上学的参照物有相似的含义。参考系让数据不再是单纯的数字，能赋予数据意义。一般商业分析的参考系包含同期的行业、过去的自己、同期的对手 3 个维度。

举个例子,笔者现在的体重是 70kg,2016 年是 60kg,通过对比 2016 年的体重数据,会知道笔者一直在长肉。假如在笔者周围，大家的体重都在 80kg 以上，那么笔者减肥的目标可能是 70kg，通过同期的对手，安慰了自己，感觉自己还不胖。但是健康医生告诉笔者，按笔者的身高比例，最佳的体重是 67.5kg，因此笔者就知道不能自满了，要控制饮食。

没有参考系的数据是数据孤岛，无法知道某个数字意味着什么？无法从中获取有用信息。

2.1.2　数据分析的两个核心思维

要做好数据分析工作，需要培养两个思维，第一个是数据思维，第二个是商业思维。

数据思维比较简单，任何业务都需要从数据中寻找依据，而不是凭感觉，一切用数据说话。数据思维中有一个数据敏感度，数据敏感度是对数据的感知、计算、理解的能力，通过反复训练可以提高数据敏感度。

商业思维比较抽象，需要从数据的背后理解其商业价值，比如，图 2-2 所示的 2019 年中国的人口年龄结构数据，会发现未来的老年人越来越多，其背后的商业价值就是老年人市场。当然，未来的老年人跟现在的老年人不同，需求不断随着社会的发展在改变，企业只有抓住市场需求，才可以在未来至少 30 年间享受市场的红利。

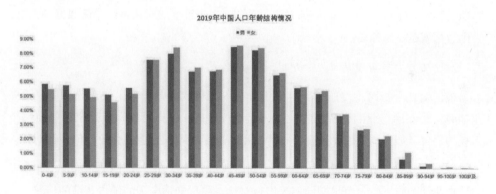

图 2-2　2019 年中国人口年龄结构数据

数据思维和商业思维两者缺一不可，两者的碰撞，会发生"化学反应"，才可以从数据中获取有用信息。

2.1.3　数据分析的方法论

数据分析有法可循，在分析数据时灵活地使用分析方法可以快速有效地分析数据，从数据中获取信息。如表 2-1 所示，常用的数据分析方法有对比法、拆分法、排序法、分组法、交叉法、降维法、增维法、指标法和图形法，根据业务场景选择一种或一种以上的分析方法可以让分析更加高效。

表 2-1 常用数据分析方法

数据分析方法	使用场景
对比法	发现问题
拆分法	寻找问题的原因
排序法	找到分析的重点
分组法	洞察事物特征
交叉法	将两个及以上的维度比较，并通过交叉的方式
降维法	解决复杂问题
增维法	解决信息量过少的问题
指标法	基本方法，可支持多字段
图形法	基本方法，对分析字段有数量限制

1. 对比法

对比法是最基本的分析方法，也是数据分析的"先锋军"，分析师在开展分析时首先使用对比法，可以快速发现问题。进行商业分析时有 3 个必备的维度，分别是同期的行业、过去的自己、同期的对手，通过这 3 个维度的对比可以了解数据的意义，否则数据就是一座孤岛。

对比法分为横向和纵向两个方向。

横向对比是指跨维度的对比，用于分析不同事物的差异，比如在分析企业销售业绩时，将不同行业的企业销售业绩一起进行对比，这样可以知道某家企业在整个市场的地位。如中国的 500 强企业排行榜单，就是将不同行业的企业产值进行对比。

纵向对比是指在同一个维度用于不同阶段的对比，比如基于时间维度，将今天的销售业绩和昨天、上个星期同一天进行对比，可以知道今天的销售业绩的情况。

例 2-1：小李负责网店运营，刚接手一家新网店，欲确定该店铺的主营品类，已知该店铺经营 A、B、C、D 共 4 个品类，各品类的销售数据如表 2-2 所示。

解：将表 2-2 转变成柱状图，如图 2-3 所示，可以对比 A、B、C、D 这 4 个品类销售额的最大值。如果要做市场规模，则选择销售额高的品类；如果要便于生存，则选择销售额低的品类。

表 2-2 数个品类的天花板

A 品类	B 品类	C 品类	D 品类
1580 万元	780 万元	605 万元	1685 万元

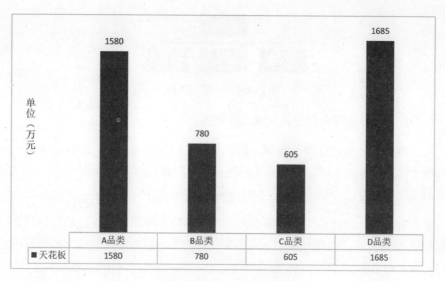

图 2-3 各品类对比柱状图

2. 拆分法

拆分法是最常用的分析方法之一，在许多领域应用非常广泛，杜邦分析法就是拆分法的经典应用。拆分法是将某个问题拆解成若干个子问题，通过研究这些子问题从而找到问题的症结点，并解决问题。比如在研究销售业绩下降问题时，可以将销售业绩问题拆分成转化率、客单价和访客数 3 个子问题，通过分析这 3 个子问题从而解决销售业绩问题。

例 2-2：某店铺的销售额大幅下降，运营人员欲找出销售额下降的原因，店铺核心数据如表 2-3 所示。

表 2-3　店铺核心数据

日　期	访客数	转化率	客单价	销售额
周一	1000 个	3.5%	100 元	3500 元
昨日	2000 个	3.4%	100 元	6800 元
上周一	2500 个	3.5%	100 元	8750 元

解：如图 2-4 所示，销售额下降的问题可拆分成 3 个子问题，分别是转化率、客单价和访客数的变化，通过表 2-3 结合对比法发现，主要是因为访客数的变化而引起了销售额大幅下降。可再进一步拆分访客数，访客数可以分为付费访客数和免费访客数，对问题的原因进一步剖析，直到找到问题的根源。

图 2-4　问题拆解树状图

拆分法可以分为完全拆分法和重点拆分法。

完全拆分法，也被称为等额拆分法，是将父问题完全拆解，拆解出来的子问题的和或者集合（算法）可完全解释父问题。如销售额＝访客数 × 转化率 × 客单价，等式两边完全相等。

重点拆分法，也被称为非等额拆分法，只拆分出问题的重点，子问题只解释了父问题的 80% 左右，如做好网店＝点击率＋转化率＋退款率。的确，要做好一家网店只要做好点击率、转化率和退款率这 3 个指标就可以，但做网店运营不完全是这 3 个环节。有时面对一些复杂的问题，就需要采用重点拆分法，抓重要环节。

3. 排序法

排序法是基于某一个度量值的大小，将观测值递增或递减排列，每一次排列只能基于某一个度量值。排序法是从对比法中衍生的一种常用方法，百度搜索风云榜、淘宝排行榜等业内知名榜单就是重度采用排序法的产品，通过排序后的榜单，让用户快速获取目标的价值信息。

例 2-3：某运营人员收集了数个品类的行业数据，如表 2-4 所示，通过排序法列出品类榜单。

表 2-4　未排序的品类行业数据

品　类	交易指数	在线产品数
T 恤	20178	55135570 个
连衣裙	43551	21868084 个
裤子	22664	41053642 个
衬衫	19592	11556930 个

解：排序法只能基于某一个度量进行排序，表 2-4 中有两个度量，因此可以做出两个表单。

表 2-5 为基于交易指数的榜单，排名越靠前代表该品类的市场规模越大。

表2-5 基于交易指数的排序表

排　名	品　类	交易指数	在线产品数
1	连衣裙	43551	21868084 个
2	裤子	22664	41053642 个
3	T恤	20178	55135570 个
4	衬衫	19592	11556930 个

表2-6为基于在线产品数的榜单，排名越靠前代表该品类的市场竞争越大。

表2-6 基于产品数的排序表

排　名	品　类	交易指数	在线产品数
1	T恤	20178	55135570 个
2	裤子	22664	41053642 个
3	连衣裙	43551	21868084 个
4	衬衫	19592	11556930 个

4. 分组法

分组法来源于统计分析方法，是统计学中非常重要的分析方法，用于发现事物的特征。分组时可以按类型、结构、时间阶段等维度进行分组，观察分组后维度的数据特征，从特征中洞察信息。

例2-4：基于表2-7的信息，分析裤子和职业套装的差异。

表2-7 不同行业的销售额

父类目	子类目	销售额
裤子	休闲裤	747991311 元
裤子	打底裤	89942330 元
裤子	西装裤/正装裤	4952899 元
裤子	棉裤/羽绒裤	1800685 元
职业套装	休闲套装	216517887 元
职业套装	职业女裙套装	24072258 元
职业套装	医护制服	1649589 元
职业套装/学生校服/工作制服	其他套装	5952780 元

解：基于题目可以得知需要对父类目进行统计分组。分组结果如表2-8所示。

表2-8 分组统计后的行业数据

父 类 目	销 售 额
裤子	844687225 元
职业套装	248192514 元

通过分组结果可知裤子的市场份额远大于职业套装。

5. 交叉法

交叉法是对比法和拆分法的结合，是将有一定关联的两个或以上的维度和度量值排列在统计表内进行对比分析，在小于或等于 3 个维度的情况下可以灵活使用图表进行展示。当维度大于 3 个时选用统计表展示，此时也称为多维分析法。比如在研究市场定价时，经常将产品特征和定价作为维度，销售额作为度量值进行分析。

例2-5：表2-9 所示为不同性别的消费者在不同品类的消费金额数据，利用交叉法分析不同性别的差异。

表2-9 不同性别的消费者在不同品类的消费金额数据

性　别	品　类	消费金额
男	零食	68 元
男	耳机	180 元
女	零食	155 元
女	耳机	42 元

解：将表2-9 转换成二维交叉表，如表2-10 所示，可以直观地观察到男性和女性用户在消费偏好上的差异，男性更愿意在耳机上消费，女性则更愿意在零食上消费。

表2-10 性别和品类的交叉分析表

品类 性别	零　食	耳　机
男	68 元	180 元
女	155 元	42 元

6. 降维法

降维法是在数据集字段过多时，分析干扰因素太多，通过找到并分析核心指标可以提高分析精度，或者通过主成分分析、因子分析等统计学方法将高维转变成低维。

比如在分析店铺数据时，根据业务问题的核心提取主要的 2～4 个核心指标，进行分析。

例 2-6：根据表 2-11 所示的字段评估店铺的综合情况。

表 2-11 店铺的数据指标字段

转化率	销售额	客单价	访客数	动销率	连带率	好评率	纠纷率	上新率

解：对指标进行分类，将店铺的评估分成产品运营能力、店铺获客能力和店铺服务能力。

反映店铺产品运营能力的指标如表 2-12 所示。

表 2-12 反映店铺产品运营能力的指标

动销率	连带率	上新率

反映店铺获客能力的指标如表 2-13 所示。

表 2-13 反映店铺获客能力的指标

转化率	销售额	客单价	访客数

反映店铺服务能力的指标如表 2-14 所示。

表 2-14 反映店铺服务能力的指标

好评率	纠纷率

基于每个能力维度下的指标，综合评估出每个能力的分数。可以使用数据归一化[1]的方法或者熵值法[2]计算分数，达到综合评估的目的。

7. 增维法

增维法是在数据集的字段过少或信息量不足时，为了便于业务人员分析，通过计算衍生出更加直观的指标。比如在分析关键词时，将搜索人气除以商品数量得到一个新的指标，定义为关键词的竞争指数。

例 2-7：如表 2-15 所示，计算关键词的竞争度，基于业务经验，竞争度 = 搜索人气 × 点击率 × 支付转化率 ÷ 在线商品数，得到的指标为正指标，数值越大越好。

1　数据归一化是将数据映射到 [0,1] 的区间。
2　熵值法的核心思想是用信息的无序度来衡量信息的效用值。信息的无序度越低（越不稳定），该信息的效用值就越大。换句话说，越稳定的信息越无用。

表 2-15　关键词的行业表现数据

关 键 词	搜索人气	点 击 率	在线商品数	支付转化率	竞 争 度
永生花	32,914	152.95%	165,118 个	6.92%	0.021
永生花花瓣耳环	11,736	132.03%	3,199 个	3.99%	0.193
永生花礼盒	10,274	162.75%	55,774 个	8.55%	0.026
永生花 diy 材料包	9,245	222.64%	4,198 个	3.71%	0.182
永生花玻璃罩	7,977	138.58%	23,718 个	6.89%	0.032

8. 指标法

指标法是通过汇总值、平均值、标准差等一系列的统计指标研究、分析数据。指标法更适合用于多维数据。

例 2-8：如表 2-16 所示，是淘宝搜索某关键词按人气排名前 5 的商品数据，通过指标法描述这个数据。

表 2-16　某关键词按人气排名前 5 的商品数据

排　名	售　价	销 售 额	评价人数	DSR_ 物流分	DSR_ 描述分	DSR_ 服务分
1	680 元	115600 元	151 个	4.61	4.74	4.76
2	3680 元	629280 元	16 个	4.98	4.98	4.98
3	2180 元	372780 元	902 个	4.95	4.95	4.96
4	2180 元	374960 元	2363 个	4.92	4.93	4.94
5	2199 元	380427 元	958 个	4.95	4.97	4.95

使用指标法描述数据后的结果，如表 2-17 所示。

表 2-17　描述数据的相关度量

	售　价	销 售 额	评价人数	DSR_ 物流分	DSR_ 描述分	DSR_ 服务分
计数	5	5	5	5	5	5
缺失值	0	0	0	0	0	0
均值	2184 元	374609 元	878 个	4.88	4.91	4.92
汇总	10919 元	1873047 元	4390 个	24.41	24.57	24.59
标准差	949	162469	835	0.14	0.09	0.08

9. 图形法

图形法是通过柱状图、折线图、散点图等一系列的统计图形直观地研究、分析数据。图形法适合用于低维数据。

例 2-9：表 2-18 是淘宝搜索某关键词按人气排名前 220 的商品数据，通过图形法分析这些售价的分布。

表 2-18 某关键词按人气排名前 220 的商品数据

排　名	售　价	销售额	评价人数	DSR_物流分	DSR_描述分	DSR_服务分
1	680 元	115600 元	151	4.61	4.74	4.76
2	3680 元	629280 元	16	4.98	4.98	4.98
3	2180 元	372780 元	902	4.95	4.95	4.96
……	……	……	……	……	……	……
220	150 元	547800 元	33206	4.75	4.63	4.74

图 2-5 所示是基于售价分组后绘制的直方图，可以直观地观察各个价格区间包含商品的个数，商品售价分布主要集中在 [118,588]，[1058,1528] 两个区间。

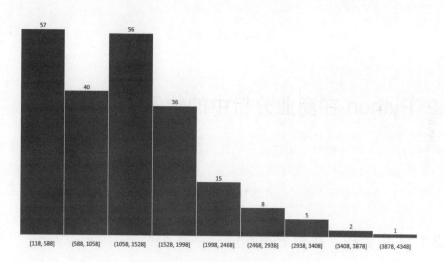

图 2-5 价格区间分布图

图形法有画图空间、图形和图注 3 个要素。画图空间是图形的容器，图形呈现在画图空间之中，如二维空间、三维空间。图形是要表达的信息可视化的结果，如线型、柱状。图注是帮助读者理解图形的标注，如图 2-6 所示。图注包含：

- 图标题。
- 坐标轴。
- 坐标轴标题。

- 数据标签。
- 图例。

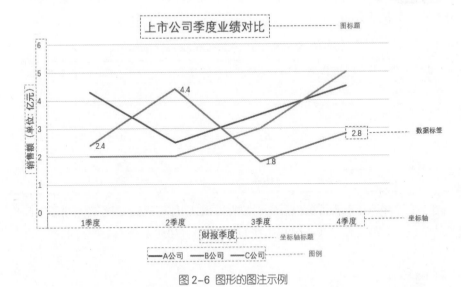

图 2-6　图形的图注示例

2.2　Python 在商业分析中的价值

Python 的开源特性及易用性决定了其在商业分析中也占有一席之位。传统的商业分析使用的是 Excel 和一些可视化操作的数据挖掘软件，可视化操作的软件的优点是易于入门，缺点是在支撑自定义的分析及全流程的自动化上表现欠佳。

2.2.1　人生苦短，我用 Python

人生苦短，我用 Python。Python 什么都能做，包括现在最热门的人工智能和区块链，学一门语言可以应用于多种场景。

Python 具有以下特点。

（1）语法简洁明了，Python 有丰富的库可以使用，这使得用户的学习成本相对较低，缩短了学习时间，意味着企业培养人才的成本也随之降低。

（2）代码量相对明显下降，代码量的下降意味着开发周期的缩短，这在一定程度上减轻了程序员的开发负担。程序员可以把节省的时间用于做更多有意义的事情，比如将节约出来的时间用来学习等。

（3）语言生态健全。Python 语言目前在 Web 开发、大数据开发、人工智能开发、后端服务开发和嵌入式开发等领域都有广泛的应用，可以应对主流的各个领域，这也节约了学习时间。

笔者用 Python 的原因是 Python 对于数据没有任何限制，在分析时拥有极高的自由度。数据分析就是要能随意"翻滚"你的数据。

2.2.2 Python 在商业分析应用中的优势

Python 在商业分析应用中有明显的优势，Python 可以解决所有的应用场景的需求。当然可能你会觉得用 Excel 就可以应对大部分的分析场景了，或者使用 BI 产品也可以解决部分难题，但是不要忘记了，在商业竞争环境中，谁的成本更低，谁的分析更加精准，都可能会是决胜的关键因素。Python 在商业分析应用中有以下优势。

（1）能自由采集数据，许多数据需要采集，Python 提供了采集的强大支持。

（2）可以实现一体化的分析，Python 确实没有 Excel 或者 BI 方便，但是 Python 支持全链路的流程，即数据的采集、清洗、分析、挖掘及可视化。

（3）运算速度快，可应对大数据量的场景。

（4）算法齐全，这是 Excel 和 BI 无法媲美的。

2.3　数据采集

2.3.1　采集数据前的准备工作

采集数据前需要进行一些准备工作，确定采集的目标和方法。找到采集的目标数据基本决定了采集数据的方法。

1. 从 HTML 中寻找目标数据

以某旅游网首页为例，图 2-7 所示为抓取的首页首条信息（标题和链接）。

图 2-7　某旅游网首页

在该旅游网首页，按快捷键【Ctrl+U】打开源代码页面，如图 2-8 所示。

图 2-8　某旅游网首页源代码

使用查找功能（按快捷键【Ctrl+F】）快速定位到目标数据，如图 2-9 所示。可以定位到数据，说明数据是直接加载在 HTML 之中的，目标数据的 URL 就是浏览器地址栏中的地址。

图 2-9　查找某旅游网首页源代码

　　如果要采集的目标数据在 HTML 代码中，那么一般可以直接使用 GET 方法访问 URL。

2. 通过抓包寻找目标数据

　　抓包（packet capture）就是将网络传输发送与接收的数据包进行截获、重发、编辑、转存等操作，抓包经常被用来进行数据截取，是数据采集中的一个环节。

　　如果在 HTML 代码中找不到目标数据，则说明数据是以动态加载的形式加载到页面中的。如图 2-10 所示为某网站的移动端 Web 页面。

图 2-10　某网站的移动端 Web 页面

　　动态加载的数据以数据包的形式，根据特定条件加载到 HTML 中，因此要抓取到动态加载的数据包，才能获取目标数据。

　　下面通过抓包获取商品数据的 URL。

　　首先打开浏览器，按【F12】键进入开发者模式，单击"自由行"选项进入自由行频道，如图 2-11 所示。

图2-11　某旅游网页自由行频道

然后，在自由行频道中单击搜索框，如图2-12所示。

图2-12　自由行频道搜索框

随后进入搜索页面，这个页面有各个地区的热门旅游城市列表（见图 2-13（a）），以 JS（JavaScript）格式读取右侧的数据，在文件的 Preview（预览）页面可以观察到树状的结构（见图 2-13（b））。

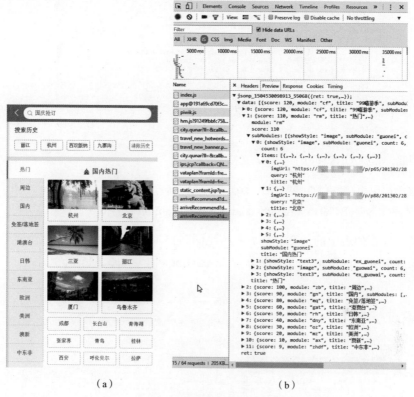

（a）　　　　　　　　　　　（b）

图 2-13　城市列表及 JS 代码

切换到 Headers（请求头）页面，在 General（总体）信息中，有以下两条重要信息。

（1）Request URL（请求链接）：将通过这个链接访问服务器获取数据。

（2）Request Method（请求方法）：决定使用的函数方法和上传参数。常见的请求方法有 GET 方法和 POST 方法。GET 方法权限单一，只有查询数据的权限，只要访问 URL 就可以返回数据；POST 方法需要权限验证和请求内容，服务器通过权限放行，通过请求内容返回客户端请求的数据，POST 方法具有查询和修改数据的权限。

图 2-14 所示的请求方法即为 GET 方法。

在获取数据时，需要将最后一个 callback 参数删掉。

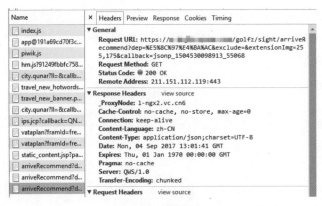

图 2-14 请求方法

因此，目标 URL 如下。

https://m.*****.*****.com/golfz/sight/arriveRecommend?dep=%E5%8C%97%E4%BA%AC&exclude=&extensionImg=255,175

单击推荐列表中的任意一个城市（见图 2-15（a）），通过观察可以发现数据在 XHR（用 XMLHttpRequest 方法来获取 JavaScript）中（见图 2-15（b））。

（a）　　　　　　　　　　　　　　（b）

图 2-15 一个城市的 XHR 获取代码

切换到 Headers 页面，观察 Request URL 和 Request Method，如图 2-16 所示。

图 2-16　请求方式

其中 Request URL 如下。

https://*****.*****.*****.com/list?modules=list,bookingInfo,activityDetail&dep=%E6%9D%AD%E5%B7%9E&query=%E5%8E%A6%E9%97%A8%E8%87%AA%E7%94%B1%E8%A1%8C&dappDealTrace=false&mobFunction=%E6%89%A9%E5%B1%95%E8%87%AA%E7%94%B1%E8%A1%8C&cfrom=zyx&it=FreetripTouchin&date=&configDepNew=&needNoResult=true&originalquery=%E5%8E%A6%E9%97%A8%E8%87%AA%E7%94%B1%E8%A1%8C&limit=0,32&includeAD=true&qsact=search

　　采集目标是动态加载的数据包，要根据数据包的请求方式及请求头、请求正文来确认采集的方法。如果请求头的参数中有包含密钥的，还需要从 JS 文件中找到密钥的算法，从而生成密钥来获取数据。

2.3.2　Requests 库

Requests 是用 Python 语言编写，基于 urllib 库，采用 Apache2 Licensed 开源协议的 HTTP 库。它比 urllib 库更加方便，可以节约程序员大量的工作，并且完全满足 HTTP 测试需求。

1. 主要 API 及参数

Requests 库的主要 API 如表 2-19 所示。

表 2-19　Requests 库的主要 API

参　　数	含　　义
requests.requestmethod(url, **kwargs) 该 API 的功能是请求并下载网页响应的信息	
requestmethod	请求网页对象的方法，支持的方法有：GET/OPTIONS/POST/PUT/PATCH/DELETE/HEAD
url	请求对象的 URL
params	向请求对象发送的查询信息，以字典或字节的格式发送
data	要在请求正文中发送的元组 [(key, value)]、字节、字典或列表
Json	要在请求正文中发送的 JSON 数据
Headers	随请求一起发送的请求头，一般以字典形式发送
cookies	随请求一起发送的 Dict 或 CookieJar 对象
files	随请求一起发送的请求头，以文件的形式读入
Auth	用于启用基本 / 摘要 / 自定义 HTTP 身份验证的身份验证元组
timeout (float or tuple)	等待服务器发送数据的时间 [以浮点或（连接超时，读取超时）元组的形式]，超过设定的时间则放弃等待
allow_redirects (bool)	布尔值。启用 / 禁用重定向。默认为 True
proxies	连接到代理服务器的地址
verify	布尔值。控制验证服务器的模式是 TLS 证书，还是验证字符串，它必须要使用的 CA 捆绑包的路径。默认为 True
stream	如果为 False，则立即下载响应内容；如果为 True，则接受服务器传输的数据流
cert	如果是字符串，则为 ssl 客户端证书文件（.pem）的路径。如果是元组，就以（'cert', 'key'）对的形式传输证书和密钥

2. 连接 URL

使用 Requests 发送网络请求的操作简单方便。

第一步，导入 Requests 库，代码如下。

```
import requests
```

第二步，尝试获取某个网页，代码如下。

```
r= requests.get('https://api.github.com/events')
```

上述代码创建了一个名为 r 的 Response 对象，这个对象中存储了某个网页的信息。

Requests 库简便的 API 让所有 HTTP 请求都十分简单。例如，发送一个 HTTP POST 请求，代码如下。

```
r = requests.post('http://httpbin.org/post', data = {'key':'value'})
```

其他 HTTP 请求类型：PUT、DELETE、HEAD 及 OPTIONS 都是一样的简单，例如：

```
r = requests.put('http://httpbin.org/put', data = {'key':'value'})
r = requests.delete('http://httpbin.org/delete')
r = requests.head('http://httpbin.org/get')
r = requests.options('http://httpbin.org/get')
```

获取到某个网页后可以读取服务器响应的内容，代码如下。

```
import requests
r = requests.get('https://api.github.com/events')
r.text
```

输出结果

```
u'[{"repository":{"open_issues":0,"url":"https://github.com/...
```

Requests 库会自动解码来自服务器的内容。大多数 unicode 字符集都能被解码。Requests 库会根据 HTTP 头部对响应的编码信息解码响应信息，也可以使用 r.encoding 属性确定或修改 Requests 库用于解码的编码方式，代码如下。

```
r.encoding
```

输出结果

```
'utf-8'
```

指定用于解码的编码类型为 'ISO-8859-1'，代码如下。

```
r.encoding = 'ISO-8859-1'
```

如果改变了编码，那么每次访问 r.text 时 Request 库都会使用 r.encoding 的新值来解码。

响应的内容以字节的方式访问请求响应体，对于非文本请求，可以用如下代码。

```
r.content
```

输出结果

```
b'[{"repository":{"open_issues":0,"url":"https://github.com/...
```

Requests 库会自动解码 gzip 和 deflate 传输编码的响应数据。

例如，用请求返回的二进制数据创建一张图片，可以使用如下代码。

```
from PIL import Image
from io import BytesIO
i = Image.open(BytesIO(r.content))
```

此时图片就存储在变量 i 中。

3. JSON 响应内容

Requests 库中有一个内置的 JSON 解码器，可以便捷地处理 JSON 数据，代码如下。

```
import requests
r = requests.get('https://api.github.com/events')
r.json()
```

输出结果

```
[{u'repository': {u'open_issues': 0, u'url': 'https://github.com/...
```

如果 JSON 解码失败，r.json() 就会返回异常信息。例如，响应内容是 401 (Unauthorized)，尝试访问 r.json()，将会返回 ValueError: No JSON object could be decoded 异常。

需要注意的是，成功调用 r.json() 并不意味着响应成功。有的服务器在请求失败后会给用户传一个 JSON 对象，这个 JSON 对象里面包含了错误的细节，这种 JSON 会被成功解码返回。如果要检查请求是否成功，则使用 r.raise_for_status() 或者检查 r.status_code 是否和期望的响应相同。

4. 定制请求头

如果要为请求添加 HTTP 头部，则只要传递一个字典给 headers 参数就可以了。

例如，指定请求头中的 user-agent 类型：

```
url = 'https://api.github.com/some/endpoint'
headers = {'user-agent': 'my-app/0.0.1'}
r = requests.get(url, headers=headers)
```

所有的 header 值必须是 string、bytestring 或者 unicode 数据类型。

5. 创建 HTTP POST 请求

如果想要发送一些编码为表单形式的数据，则只需简单地传递一个字典给 data 参数，数据字典在发出请求时会自动编码为表单形式，代码如下。

```
payload = {'key1': 'value1', 'key2': 'value2'}
r = requests.post("http://httpbin.org/post", data=payload)
print(r.text)
```

输出结果

```
{
  ...
  "form": {
    "key2": "value2",
    "key1": "value1"
  },
  ...
}
```

可以为请求参数传入一个元组列表。在表单中多个元素使用同一个 key 时，这种方式尤其有效，代码如下。

```
payload = (('key1', 'value1'), ('key1', 'value2'))
r = requests.post('http://httpbin.org/post', data=payload)
print(r.text)
Out:{
  ...
  "form": {
    "key1": [
      "value1",
      "value2"
    ]
  },
  ...
}
```

如果 HTTP 头部信息是在文件中，则可以发送该文件作为请求参数，代码如下。

```
url = 'http://httpbin.org/post'
```

```
files = {'file': ('report.csv','some,data,to,send\nanother,row,to,send\n')}
r = requests.post(url, files=files)
r.text
```

输出结果

```
{
  ...
  "files": {
    "file": "some,data,to,send\\nanother,row,to,send\\n"
  },
  ...
}
```

6. 响应状态码

可以使用 r.status_code 检测响应状态码，代码如下。

```
r = requests.get('http://httpbin.org/get')
r.status_code
```

输出结果

```
200
```

为方便检查，Requests 库还附带了一个内置的状态码查询对象，代码如下。

```
r.status_code == requests.codes.ok
```

输出结果

```
True
```

如果发送了一个错误请求（一个 4×× 客户端错误，或者 5×× 服务器错误响应），则可以通过 bad_r.status_code 返回异常信息，代码如下。

```
bad_r = requests.get('http://httpbin.org/status/404')
bad_r.status_code
```

输出结果

```
404
```

查看 404 的具体异常信息，代码如下。

```
bad_r.raise_for_status()
```

输出结果

```
Traceback (most recent call last):
  File "requests/models.py", line 832, in raise_for_status
    raise http_error
requests.exceptions.HTTPError: 404 Client Error
```

由于例子中 r 的 status_code 是 200，当调用 raise_for_status() 函数时，得到的是：

```
r.raise_for_status()
```

输出结果

```
None
```

7. 响应头

服务器响应头以字典的形式展示，代码如下。

```
r.headers
```

输出结果

```
{
    'content-encoding': 'gzip',
    'transfer-encoding': 'chunked',
    'connection': 'close',
    'server': 'nginx/1.0.4',
    'x-runtime': '148ms',
    'etag': '"e1ca502697e5c9317743dc078f67693f"',
    'content-type': 'application/json'
}
```

这个字典是为 HTTP 头部生成的，HTTP 头部是不区分大小写的。可以使用任意大小写的形式来访问这些响应头字段，代码如下。

```
r.headers['Content-Type']
```

输出结果

```
'application/json'
```

使用 GET 方法获取 HTTP 头部的信息，代码如下。

```
r.headers.get('content-type')
```

输出结果

```
'application/json'
```

8. cookie

如果某个响应中包含了 cookie，则可以快速访问 cookie 的内容，代码如下。

```
url = 'http://example.com/some/cookie/setting/url'
r = requests.get(url)
r.cookies['example_cookie_name']
```

输出结果

'example_cookie_value'

给服务器发送 cookies，可以使用 cookies 参数，代码如下。

```
url = 'http://httpbin.org/cookies'
cookies = dict(cookies_are='working')
r = requests.get(url, cookies=cookies)
r.text
```

输出结果

'{"cookies": {"cookies_are": "working"}}'

cookie 的返回对象为 RequestsCookieJar，它和字典类似，但接口更完整，适合跨域名、跨路径使用。还可以把 CookieJar 传到 Requests 中，代码如下。

```
jar = requests.cookies.RequestsCookieJar()
jar.set('tasty_cookie', 'yum', domain='httpbin.org', path='/cookies')
jar.set('gross_cookie', 'blech', domain='httpbin.org', path='/elsewhere')
url = 'http://httpbin.org/cookies'
r = requests.get(url, cookies=jar)
r.text
```

输出结果

'{"cookies": {"tasty_cookie": "yum"}}'

9. 重定向与请求历史

重定向是指网页的自动跳转，通过各种方法将各种网络请求重新定个方向转到其他位置，重定向过程中会产生多个请求。

HEAD 和 Requests 会自动处理所有重定向。可以使用响应对象的 history 方法来追踪重定向。

Response.history 是一个 Response 对象的列表，这个对象列表按照时间从最早到最近的请求进行排序。

例如，GitHub 将所有的 HTTP 请求重定向到 HTTPS，代码如下。

```
r = requests.get('http://github.com')
r.url
```

输出结果

```
'https://github.com/'
```

使用 status_code 查看网页状态，代码如下。

```
r.status_code
Out:200
r.history
Out:[<Response [301]>]
```

如果使用的是 GET、OPTIONS、POST、PUT、PATCH 或者 DELETE 请求方法，则可以通过 allow_redirects 参数禁用重定向处理，代码如下。

```
r = requests.get('http://github.com', allow_redirects=False)
r.status_code
```

输出结果

```
301
```

使用 history 可以检查请求列表，由于上文禁用了重定向，因此返回的列表为空，读者可以尝试开启重定向，然后用 history 方法观察请求列表，代码如下。

```
r.history
```

输出结果

```
[]
```

10. 超时

程序员可以告诉 Requests 在经过以 timeout 参数设定的秒数时间之后停止等待响应。建议代码都应该使用这一参数，否则程序可能会永远失去响应。

使用 timeout 参数指定超时时间为 0.001 秒，由于超时时间极短，请求代码会返回超时信息，代码如下。

```
requests.get('http://github.com', timeout=0.001)
```

输出结果

```
Traceback (most recent call last):
  File "<stdin>", line 1, in <module>
```

查看目前连接的超时时间，代码如下。

```
requests.exceptions.Time
```

输出结果

HTTPConnectionPool(host='github.com', port=80): Request timed out. (timeout=0.001)

timeout 仅对连接过程有效，与响应体的下载无关。timeout 并不是整个下载响应的时间限制，而是如果服务器在 timeout 秒内没有应答，则将会引发异常。

11. 错误与异常

遇到网络问题（如 DNS 查询失败、拒绝连接等）时，Requests 会返回一个 ConnectionError 异常。

如果 HTTP 请求返回了连接不成功的状态码，则 Response.raise_for_status() 会返回一个 HTTPError 异常的信息。

若请求超时，则返回一个 timeout 异常。

若请求超过了设定的最大重定向次数，则会返回一个 TooManyRedirects 异常。

2.4 数据库操作及文件读写

2.4.1 MySQL 数据库

1. 数据库简介

当想要收听喜欢的歌曲时，可以从手机音乐 APP 的播放列表中选择，在这种情况下，播放列表是从数据库中读取出来的。当拍摄照片并将其上传到微博、朋友圈等社交网络中的账号时，照片库就有可能存储在一个数据库中。当浏览电子商务网站购买商品时，使用购物车就是数据库应用。

数据库无处不在，那什么是数据库？数据库，简而言之可视为电子化的文件柜——存储电子文件的处所，用户可以对文件中的数据运行新增、截取、更新、删除等操作。数据库分为两类，关系型数据库（SQL）和非关系型数据库（NoSQL）。

关系型数据库是创建在关系模型基础上的数据库，借助于集合代数等数学概念和方法来处理数据库中的数据。关系型数据库和常见的表格比较相似，关系型数据库中表与表之间有很多复杂的关联关系。常见的关系型数据库有 MySQL、SQL Server 等。

非关系型数据库是对不同于传统的关系型数据库的数据库管理系统的统称。与关系型数据库最大的不同点是不使用 SQL 作为查询语言。

2. SQL——关系型数据库的语言

SQL（Structured Query Language）代表结构化查询语言，是用于访问数据库的标准化语言。

SQL 包括以下 3 个部分。

- 数据定义语言（DDL）包含定义数据库以及对象的语句，例如表、视图、触发器、存储过程等。
- 数据查询语言（DQL）包含允许更新和查询数据的语句。
- 数据操纵语言（DML）允许授予用户权限访问数据库中的特定数据。

3. MySQL 简介

MySQL 是一个数据库管理系统，也是一个关系型数据库。它是由 Oracle 支持的开源软件。这意味着任何一个人都可以使用 MySQL 而不用支付任何费用。另外，如果需要，还可以更改其源代码或进行二次开发。与其他数据库软件（如 Oracle 数据库或 Microsoft SQL Server）相比，MySQL 非常容易学习和掌握。MySQL 可以在各种平台中运行，如 UNIX、Linux、Windows 等。此外，MySQL 软件采用了双授权政策，分为社区版和商业版，由于其体积小、速度快，且成本低，尤其是开放源代码，所以一般中小型网站在开发时都选择 MySQL 作为网站数据库。

许多人认为存储数据的环节是在清洗和组织数据之后，但实际并不然。我们工作中经常遇到这样的场景，某天甲方（对合同甲方，也就是服务对象的昵称）或者老板告诉你要采集某网站的文章标题，当你把标题都采集下来后，对方说每个标题还需要对应上点赞数，此时如果有原始资料，就可以从原始资料中将点赞数字段直接清洗出来。

因此，数据存储一般发生在获取到网页的 HTML 或者数据之后，未经过清洗和组织的数据是必须保存的资料，存储好这些资料后，再写清洗和组织数据的脚本，将数据提取出来重新存入数据库或者表中。

2.4.2 数据库操作

1. 数据库存储

pymysql 库可以操作 MySQL 数据库实现数据的存储，MySQL 的操作语言是 SQL，即结构化查询语言（Structured Query Language），它是一种功能齐全的数据库语言。

操作数据库首先要连接数据库，可以使用 pymysql 库的 Connect() 方法连接 MySQL 数据库。

pymysql.Connect() 参数说明如表 2-20 所示。

表 2-20 pymysql.Connect() 参数

参 数	参 数 说 明
host(str)	MySQL 服务器地址
port(int)	MySQL 服务器端口号
user(str)	用户名
passwd(str)	密码
db(str)	数据库名称
charset(str)	连接编码

连接本地 MySQL 数据库，代码如下：

```
import pymysql
```

使用 Connect() 方法连接 MySQL 数据库，代码如下：

```
db = pymysql.Connect(
    host="localhost",
    port=3306,
    user="root",
    password="12345",
    db="******",
    charset="utf8"
)
```

操作数据库需要执行 SQL 语句或提交事务等操作，需要了解 connection 对象和 cursor 对象支持的方法，如表 2-21 和表 2-22 所示。

表 2-21 connection 对象支持的方法

方 法	说 明
cursor()	使用该连接创建并返回游标
commit()	提交当前事务
rollback()	回滚当前事务
close()	关闭连接

表 2-22 cursor 对象支持的方法

方 法	说 明
execute(op)	执行一个数据库的查询命令
fetchone()	获取结果集的下一行
fetchmany(size)	获取结果集的下几行
fetchall()	获取结果集中的所有行
rowcount()	返回数据条数或影响行数
close()	关闭游标对象

提前在数据库中创建表，然后向数据库中写入数据，pymysql 库保持了 SQL 的语法结构，需要掌握 SQL 语法才可以实现数据的写入。

SQL 语法：

```
insert into table_name (column1, column2,...,columnN) values(value1, value2,...,valueN)
```

Python 语法：

```
op = "insert into table_name (column1, column2,...,columnN)
values(value1,value2,...,valueN)"
cursor.execute(op)
```

2. 数据库操作

数据在写入数据库后的基本操作有查询数据、修改数据和删除数据。示例使用的数据结构如图 2-17 所示。

ID	宝贝	价格	成交量	卖家	位置
1	新款中老年女装春装雪纺打扫	99	16647	夏奈凤凰旗舰店	江苏
10	中老年女装夏装套装蹄领上	189	11632	简港旗舰店	上海
100	中老年女装春装恤衫袖针长	688	3956	潮流前线9170	浙江
11	母亲节衣服夏季中年女装春	258	11568	朵莹旗舰店	浙江
12	母亲节中老年人女装奶奶	177	11125	依诗曼妮	江苏
13	母亲节中老年女装短袖恤4(	298	10366	夕牧旗舰店	江苏
14	母亲节中老年女装短袖恤4(	124	9113	绰美佳人旗舰店	江苏
15	中老年女装春装真两件套长	138	9060	冉献兵	浙江
16	母亲节衣服夏季中年女装夏	298	8843	蒲浩妃旗舰店	江苏
17	母亲节妈妈夏装套装中老年:	318	8580	薇诗琪旗舰店	湖北
18	中老年人女装套装夏装夏大:	298	8319	网罗世间物	江苏
19	中老年人女装套装妈妈装夏	399	8072	玛依恋旗舰店	江苏
2	中老年女装清凉两件套奶妈	286	14045	夏浩特的文艺	上海
20	中老年女博夏装薄款中年松	129	7675	loueddssd倍艾旗舰店	河北
21	中老年女装七分袖衬衫奶妈	189	7619	纳简佳女装旗舰店	江苏
22	母亲节衣服夏季中老年女装	198	7466	简港旗舰店	上海
23	中老年衣服夏季半袖妈妈装春	588	7166	潮流前线9170	浙江
24	母亲节妈妈夏季奶妈装中	263	7147	胖绕缘福旗舰店	浙江
25	母亲节衣服夏季妈妈装上:	198	7077	卧雪旗舰店	浙江

图 2-17 数据结构

（1）查询数据

SQL 语法：

```
select * from table_name where condition_statement
```

Python 语法：

```
op = "select * from table_name where condition_statement"
cursor.execute(op)
```

查询商品在江苏、浙江、上海地区的销量，代码如下。

```
# 获取游标
cur = db.cursor()
# 执行 SQL 语句，进行查询
sql = 'SELECT * FROM sale_data WHERE 位置 IN (%s,%s,%s)'
cur.execute(sql, (" 江苏 "," 浙江 "," 上海 "))
# 获取查询结果
result = cur.fetchall()
for item in result:
    print(result)
```

（2）修改数据

SQL 语法：

```
update table_name set column1= value1, column2=value2,...,columnN= valueN where condition_
statement
```

Python 语法：

```
op = "update table_name set column1=value1,column2= value2,..., columnN=valueN where
condition_statement"
```

```
cursor.execute(op)
```

把位置"江苏""浙江""上海"统一改为"江浙沪",执行以下 SQL 语句,进行修改。

```
sql = 'UPDATE sale_data SET 位置 = %s WHERE 位置 IN (%s,%s,%s)'
cur.execute(sql, (" 江浙沪 "," 江苏 "," 浙江 "," 上海 "))
```

这里没有设置默认自动提交, 需要主动提交, 以保存所执行的语句, 代码如下。

```
db.commit()
```

（3）删除数据

SQL 语法：

```
delete from table_name where condition_statement
```

Python 语法：

```
op = "delete from table_name where condition_statement"
cursor.execute(op)
```

删除价格低于 100 元的商品记录, 代码如下。

```
# 执行 SQL 语句, 进行删除
sql = 'DELETE FROM sale_data WHERE 价格 < 100'
cur.execute(sql)
# 没有设置默认自动提交, 需要主动提交, 以保存所执行的语句
db.commit()
```

3. 文件读写

平时需要读写文件可使用 Pandas 库, Pandas 库主要用于数据清洗, 使用起来十分方便。

（1）读取 CSV 文件

读取 CSV 文件时使用 Pandas 库中的 read_csv() 方法。从 CSV 文件中读取数据, 还可以读取 HTML、TXT 等格式的文件, 需要注意路径的文件夹不要用中文命名, 否则会报错。

```
import pandas as pd
df= pd.read_csv("D:/taobao_data.csv")
```

输出结果

```
      宝贝    价格   成交量        卖家  位置
0  新款中老年女装 *** 99.0 16647     *** 江苏
1  中老年女装 *** 286.0 14045      *** 上海
```

2　母亲节衣服 ∗∗∗ 298.0 13458 　　　∗∗∗ 江苏

read_csv() 方法可以指定参数，使用方式如下。

```
df= pd.read_csv("D:/ ******_data.csv", delimiter=",", encoding="utf8", header=0)
```

说明

- 根据所读取的数据文件编码格式设置 encoding 参数，如 "utf8" "ansi" 和 "gbk" 等编码方式。
- 根据所读取的数据文件列之间的分隔方式设置 delimiter 参数，大于一个字符的分隔符被看作正则表达式，如一个或多个空格（\s+）、tab 符号（\t）等。
- header 用于指定表头，数值表示表头所在的行数，0 表示第一行。

（2）向 CSV 文件写入数据

向 CSV 文件写入数据使用 Pandas 库中的 to_csv() 方法。

```
df.to_csv("D:/******_data.csv",columns=[' 宝贝 ',' 价格 '], index=False,header=False)
```

说明

- index=False 表示将 DataFrame 保存成文件时，可以忽略索引信息。index=True 表示将 DataFrame 保存成文件时，需要同时保存索引信息（输出文件的第一列保存索引值）。
- columns 指定要写入的列。
- header 指定是否要将表头写入文件。

2.5　NumPy 数组处理

NumPy（Numerical Python）是 Python 语言的一个扩展程序库，支持大量的维度数组与矩阵运算。此外，其针对数组运算提供了大量数学函数库。

2.5.1　一维数组操作

1．数组与列表的异同

首先用熟悉的列表对比陌生的数组，进而初步认识什么是数组。进入 IPython Jupyter，导入 NumPy，创建一个列表和一个数组，代码如下。

```
import numpy as np
LIST = [1, 3, 5, 7]
ARR = np.array([1, 3, 5, 7])
type(ARR)
```

输出结果

numpy.ndarray。

接下来了解列表索引与数组索引，编写代码访问数组中的元素。

- LIST[0]，输出结果为 1。
- ARR[0]，输出结果为 1。
- ARR[2:]，输出结果为 array([5, 7])。

从上述例子中可以发现，列表与数组有着相同的元素和相同的索引机制，为什么 Python 还需要创建一个 NumPy 库？列表和数组的区别究竟是什么？列表和数组之间的首要区别：数组是同类的，即数组的所有元素必须具有相同的类型。相反，列表可以包含任意类型的元素，例如可以将上面列表中的最后一个元素更改为一个字符串。

```
LIST[-1] = 'string'
```

输出结果

[1, 3, 5, 'string']。
```
ARR[-1] = 'string'
```

输出上述代码会报错，报错原因是元素无效，如图 2-18 所示。

```
NameError                                     Traceback (most recent call last)
<ipython-input-1-22291faea9a2> in <module>()
----> 1 ARR = np.array([1, 3, 5, 7])
      2 ARR[-1] = 'string'

NameError: name 'np' is not defined
```

图 2-18　元素无效报错图

也就是说，一旦创建了一个数组，那么它的 dtype 属性也就固定了，它只能存储相同类型的元素。如何确定数组内的数据类型以保证正确的数据格式？其实有关数组类型的信息均包含在数组的 dtype 属性中。接下来访问数组元素的数据类型，代码如下。

```
ARR.dtype
# 输出结果为 ：dtype('int32')。
```

上述结果显示 ARR 数组中的数据类型为整数类型。为整数类型数组添加字符串，系统会因无法识别该数据类型而报错。如果存储一个浮点数类型，那么结果会如何？事实证明，当存储一个浮点数类型时，系统会自动将其转化为整数类型，代码如下。

```
ARR[-1] = 1.234
# 输出结果为 array([10, 20, 30, 1])。
```

2. 数组的创建

在创建数组时，通常用一个常量值（一般为 0 或 1）初始化一个数组，这个值通常作为加法和乘法循环的起始值，创建示例代码如下。

```
np.zeros(5, dtype=float)
# 输出结果为 ：array([ 0., 0., 0., 0., 0.])。这里创建了浮点数类型的值全为 0 的数组
np.zeros(3, dtype=int)
# 输出结果为 ：array([0, 0, 0])。这里创建了整数类型的值全为 0 的数组
np.ones(5)
# 输出结果为 ：array([ 1., 1., 1., 1., 1.])。这里创建了值全为 1 的数组
# 如果想要以任意值作为初始化的数组，那么可以创建一个空数组，然后使用 fill 方法将想要的值
放入数组中，如下所示
a = np:empty(4)
# 产生的值都是空值
a.fill(5.5)
# 填充值为 5.5
# 输出结果为 ：array([ 5.5, 5.5, 5.5, 5.5])
```

最后，创建常用的随机数字的数组。在 NumPy 中，np.random 模块包含许多可用于创建随机数组的函数，例如生成一个服从标准正态分布（均值为 0 和方差为 1）的 5 个随机样本数组，代码如下。

```
np.random.randn(5)
# 输出结果为 ：array([-0.14526131, 0.47733858, 1.44428435, -2.2223782 , 1.02561916])
```

2.5.2 多维数组操作

NumPy 可以创建 N 维数组对象（ndarray），这也是 NumPy 的关键特性之一。ndarray 是一种快速并且节省空间的多维数组，它可以提供数组化的算术运算和高级的广播功能。通过使用标准的数学函数，并不需要编写循环，便可以对整个数组的数据进行快速运算。除此之外，ndarray 还具备线性代数、随机数生成和傅里叶变换的能力。总而言之，ndarray 是 Python 中的一个具有计算快速、灵活等特性的大型数

据集容器。例如，可以使用列表来初始化二维数组，代码如下。

```
LIST2 = [[1, 2], [3, 4]]
ARR2 = np.array([[1, 2], [3, 4]])
# 输出结果为 ：array([[1, 2],
#         [3, 4]])
```

接下来就使用多维数组，感受一下 NumPy 的强大功能。

1. 多维数组的高效性能

虽然可以使用运算符 [] 重复对嵌套列表进行索引，但多维数组支持更为自然的索引语法，只需 [ ] 和一组以逗号分隔的索引即可。比如：

返回第 1 行第 2 列的数值，代码如下。

```
print(LIST2[0][1])
print(ARR2[0,1])
# 输出结果均为 2
```

返回第 2 行第 3 列的 array，且值全部为 0，代码如下。

```
np.zeros((2,3))
# 输出结果为 ：array([[ 0.,  0.,  0.],
#             [ 0.,  0.,  0.]])
```

返回第 2 行第 4 列的 array，且值为均值 10、标准差 3 的正态分布的随机数，代码如下。

```
np.random.normal(10, 3, (2, 4))
# 输出结果为 ：array([[ 11.29907857, 13.60911212,  7.10480299, 13.08482223],
#             [ 10.68589039, 11.33541284,  6.59019336, 10.40541064]])
```

实际上，只要元素的总数不变，数组的形状就可以随时改变。例如，想要得到一个数字从 0 增加的 2×4 数组，最简单的方法如下所示。

```
arr1 = np.arange(8)
# 输出结果为 ：array([0, 1, 2, 3, 4, 5, 6, 7])
arr2= np.arange(8).reshape(2, 4)
# 输出结果为 ：array([[0, 1, 2, 3],
#             [4, 5, 6, 7]])
```

注意：NumPy 数组形状的改变，就像 Numpy 中的大多数操作一样，改变前后存在相同的记忆。这种方式极大地提升了对向量的操作，代码如下。

```
arr1 = np.arange(8)
arr2 = arr.reshape(2, 4)
arr1[0] = 1000
print(arr1)
```

```
print(arr2)
# 输出结果为 ：[1000        1        2        3        4        5        6        7]
#        [[1000   1        2        3]
#        [        4        5        6        7]]
arr3=arr.copy()
arr1[0] = 1
print(arr3)
print(arr1)
print(arr2)
# 输出结果为 ：[1 1 2 3 4 5 6 7]
#        [1 1 2 3 4 5 6 7]
#        [[1, 1, 2, 3],
#        [4, 5, 6, 7]])
```

2. 多维数组的索引与切片

使用多维数组，仍然可以像一维数组一样使用切片，并且多维数组可以在不同维度中混合匹配切片和单个索引，代码如下。

```
print(arr2[1, 2:3])
print(arr2[:, 2])
print(arr2[1][2:3])
# 输出结果为 ：
# [6]    返回第 2 行，第 3 列的值
# [2 6]  返回第 3 列的所有值
# [6]    返回第 2 行，第 3 列的值
LIST=[[1,2,3],[4,5,6]]
[i[2] for i in LIST]
# 输出结果为 ：[3, 6]。
# 如果只提供一个索引，那么将得到一个包含该行的维数少的数组，如下所示。
print(arr2[0])
print(arr2[1])
# 输出结果
#[1 1 2 3]    返回第 1 行的所有值
#[4 5 6 7]    返回第 2 行的所有值
```

3. 多维数组的属性

到这里，读者已经感受到了多维数组的高效与魅力，下面深入了解数组最有用的属性和方法。首先了解有关数组大小、形状和数据的基本信息，代码如下。

```
arr = arr2
print('Data type                :', arr.dtype)
print('Total number of elements :', arr.size)
print('Number of dimensions       :', arr.ndim)
print('Shape (dimensionality)       :', arr.shape)
print('Memory used (in bytes)       :', arr.nbytes)
```

```
Data type              : int32
Total number of elements  : 8
Number of dimensions   : 2
Shape (dimensionality)  : (2, 4)
Memory used (in bytes)  : 32
```

数组还有一些其他特别有用的方法，代码如下。

```
print('Minimum and maximum                    :', arr.min(), arr.max())
print('Sum and product of all elements :', arr.sum(), arr.prod())
print('Mean and standard deviation            :', arr.mean(), arr.std())
```

```
Minimum and maximum              : 1 7
Sum and product of all elements  : 29 5040
Mean and standard deviation      : 3.625 2.11763429326
```

上面所述的方法，其操作区域都是在数组的所有元素中。对于多维数组，还可以通过传递轴参数，使数组沿着一个维度进行计算，代码如下。

```
print('The sum of elements along the rows is     :', arr.sum(axis=1))
print('The sum of elements along the columns is  :', arr.sum(axis=0))
arr.cumsum(axis=1)
```

```
[[1 1 2 3]
 [4 5 6 7]]
The sum of elements along the rows is        : [ 7 22]
The sum of elements along the columns is     : [ 5  6  8 10]
```

数组中另一个被广泛使用的属性是 .T 属性，这个操作将会使得数组转置，代码如下。

```
print("Array: \n", arr)
print('Transpose: \n', arr.T)
```

```
Array:
[[1 1 2 3]
 [4 5 6 7]]
Transpose:
[[1 4]
 [1 5]
 [2 6]
 [3 7]]
```

其实数组的方法和属性还有很多，在 NumPy 的文档以及网络中都可以查到相应资料。这里不再一一列举，感兴趣的读者可自行探索学习。

2.5.3 数组运算

NumPy 专为科学计算而生，本节将介绍数组的运算。数组支持所有常规的算术运算，NumPy 库中包含完整的基本数学函数，这些函数在数组的运算上也发挥了很大作用。一般来说，数组的所有操作都是以元素对应的方式实现的，即同时应用于数组的所有元素，且一一对应，代码如下。

```
arr1 = np.arange(4)
arr2 = np.arange(10, 14)
print(arr1, '+', arr2, '=', arr1+arr2)
```

输出结果

[0 1 2 3] + [10 11 12 13] = [10 12 14 16]

值得注意的是，乘法运算也是默认元素对应的方式，这与线性代数的矩阵乘法不同，代码如下。

```
print(arr1, '*', arr2, '=', arr1*arr2)
# 输出结果为 ：[0 1 2 3] * [10 11 12 13] = [ 0 11 24 39]，表示数组与数组相乘
print(1.5 * arr1)
# 输出结果为 ：array([ 0. , 1.5, 3. , 4.5])，表示数组与数字相乘
```

NumPy 提供了完整的数学函数，并且可以在整个数组上运行，其中包括对数、指数、三角函数和双曲三角函数等。此外，SciPy 还在 scipy.special 模块中提供了一个丰富的特殊函数库，具有贝塞尔、艾里、菲涅耳等古典特殊功能。例如在 0 到 2π 之间的正弦函数中采集 20 个点，代码如下。

```
x = np.linspace(0, 2*np.pi, 20)
y = np.sin(x)
```

输出结果

```
array([ 0.00000000e+00,  3.24699469e-01,  6.14212713e-01,
        8.37166478e-01,  9.69400266e-01,  9.96584493e-01,
        9.15773327e-01,  7.35723911e-01,  4.75947393e-01,
        1.64594590e-01, -1.64594590e-01, -4.75947393e-01,
       -7.35723911e-01, -9.15773327e-01, -9.96584493e-01,
       -9.69400266e-01, -8.37166478e-01, -6.14212713e-01,
       -3.24699469e-01, -2.44929360e-16])
```

2.6 Pandas 数据处理

Pandas 是基于 NumPy 的一种工具，该工具是为了解决数据分析任务而生的。它和 Excel 的功能有些类似，比如数据透视、数据变形等。

2.6.1 数据导入与导出

1. 从 CSV 文件中读取数据

输入以下代码，用于读取数据。

```
import pandas as pd
# 从 CSV 文件中读取数据，还可以读取 HTML、TXT 等格式的文件
df= pd.read_csv("D:/taobao_data.csv")
```

输出结果（见图 2-19）

	商品	价格	成交量	卖家	位置
0	新款中老年女装春装雪纺打底衫妈妈装夏装中袖宽松上衣中年人恤	99.0	16647	夏奈凤凰旗舰店	江苏
1	中老年女装清凉两件套妈妈装夏装大码短袖T恤上衣雪纺衫裙裤套装	286.0	14045	夏洛特的文艺	上海
2	母亲节衣服夏季妈妈装夏装套装短袖中年人40-50岁中老年女装T恤	298.0	13458	云新旗舰店	江苏
3	母亲节衣服中老年人春装女40岁50中年妈妈装套装夏装奶奶装两件套	279.0	13340	韶妃旗舰店	浙江
4	中老年女装春夏裝裤大码 中年妇女40-50岁妈妈装夏装套装七分裤	59.0	12939	千百奈旗舰店	江苏

图 2-19 Pandas 导入的表格数据

read_csv 还可以指定参数，使用方式如下。

```
df= pd.read_csv("D:/taobao_data.csv", delimiter=",", encoding="utf8", header=0)
```

说明

- 根据所读取的数据文件编码格式设置 encoding 参数，如 "utf8" "ansi" 和 "gbk" 等编码方式。
- 根据所读取的数据文件列之间的分隔方式设置 delimiter 参数，大于一个字符的分隔符被看作正则表达式，如一个或多个空格（\s+）、tab 符号（\t）等。

2. 向 CSV 文件写入数据

不要索引，只要列头、"商品"、"价格" 这 3 列，代码如下。

```
df.to_csv("D:/taobao_price_data.csv",columns=[' 商品 ',' 价格 '], index=False,header=True)
```

说明

- index=False：将 DataFrame 保存成文件时，可以忽略索引信息。
- index=True：将 DataFrame 保存成文件时，需要同时保存索引信息（输出文件的第一列保存索引值）。

2.6.2 数据描述性统计

为了快速了解数据的结构，需要掌握一些指令。

首先，查看表的数据信息，代码如下。

```
# 查看表的数据信息
df.info()
```

输出结果（见图 2-20）

```
<class 'pandas.core.frame.DataFrame'>
RangeIndex: 100 entries, 0 to 99
Data columns (total 6 columns):
商品        100 non-null object
价格        100 non-null float64
成交量      100 non-null int64
卖家        100 non-null object
位置        100 non-null object
销售额      100 non-null float64
dtypes: float64(2), int64(1), object(3)
memory usage: 4.8+ KB
```

图 2-20　表的信息

其次，查看表的描述性统计信息，代码如下。

```
# 查看表的描述性统计信息
print(df.describe())
```

输出结果（见图 2-21）

	价格	成交量	销售额
count	100.000000	100.00000	1.000000e+02
mean	231.669000	6388.93000	1.470502e+06
std	130.971061	2770.07536	9.767500e+05
min	29.000000	3956.00000	1.378080e+05
25%	128.750000	4476.50000	7.560158e+05
50%	198.000000	5314.50000	1.245078e+06
75%	298.000000	7053.75000	1.883465e+06
max	698.000000	16647.00000	4.213608e+06

图 2-21　描述性统计指标

2.6.3 数据透视汇总

将指定字段作为索引，汇总数据。

按"位置"进行分组，并计算"销量"列的平均值，可以访问"销量"列，并根据"位置"调用 groupby，代码如下。

```
grouped = df[' 成交量 '].groupby(df[' 位置 '])
grouped.mean()
```

输出结果（见图 2-22）

```
位置
上海    6801.500000
北京    4519.333333
广东    5164.000000
江苏    7030.909091
河北    6050.666667
河南    5986.000000
浙江    5779.500000
湖北    6182.000000
Name: 成交量, dtype: float64
```

图 2-22 位置的成交量统计结果

如果一次传入多个数组，就会得到按多列数值分组的统计结果，代码如下。

```
means = df[' 成交量 '].groupby([df[' 位置 '], df[' 卖家 ']]).mean()
means
```

输出结果（见图 2-23）

```
位置 卖家
上海  xudong158        4572.000000
     佳福妈妈商城         4752.000000
     夏洛特的文艺        14045.000000
     妃莲慕旗舰店         5377.500000
     婆家娘家商城         5304.000000
     简港旗舰店          8141.000000
     金良国际           4164.000000
北京  bobolove987      4261.000000
     hi大脚丫          4460.000000
     taylor3699       4271.000000
     wonwon942        4415.000000
     凯飞服饰1717        5209.000000
     妈妈装工厂店1988      4500.000000
广东  安静式风格          5164.000000
江苏  ceo放牛          11655.000000
     kewang5188       5348.000000
     wuweihua0809     5641.000000
     zxtvszml        12087.000000
     云新旗舰店         13458.000000
     伊秋芙旗舰店         4382.000000
     依人怡慧no1        4163.000000
     依安雅旗舰店        12664.000000
     依诗曼妮          11125.000000
     便宜才是硬道理1234     4421.000000
     千百奈旗舰店        12939.000000
     名瑾旗舰店          5506.000000
     夏奈凤凰旗舰店       16647.000000
     夕枚旗舰店         10366.000000
```

图 2-23 位置与卖家的成交量统计结果

此外，还可以将列名用作分组。

将"位置"作为索引，按均值汇总所有的数值指标，代码如下。

```
df.groupby(' 位置 ').mean()
```

输出结果（见图 2-24）

位置	价格	成交量	销售额
上海	161.200000	6801.500000	1.256211e+06
北京	150.000000	4519.333333	6.846817e+05
广东	326.000000	5164.000000	1.683464e+06
江苏	223.611364	7030.909091	1.551363e+06
河北	152.000000	6050.666667	9.224000e+05
河南	119.000000	5986.000000	7.123340e+05
浙江	290.428571	5779.500000	1.650173e+06
湖北	254.714286	6182.000000	1.536022e+06

图 2-24 位置的平均值统计结果

将"位置"和"卖家"作为索引，按均值汇总所有数值指标，代码如下。

```
df.groupby([' 位置 ', ' 卖家 ']).mean()
```

输出结果（见图 2-25）

位置	卖家	价格	成交量	销售额
上海	xudong158	99.000000	4572.000000	4.526280e+05
	佳福妈妈商城	29.000000	4752.000000	1.378080e+05
	夏洛特的文艺	286.000000	14045.000000	4.016870e+06
	妃莲藕旗舰店	133.000000	5377.500000	7.185050e+05
	婆家娘家商城	198.000000	5304.000000	1.050192e+06
	简港旗舰店	228.333333	8141.000000	1.754522e+06
	金良国际	49.000000	4164.000000	2.040360e+05
	bobolove987	98.000000	4261.000000	4.175780e+05
	hi大脚丫	138.000000	4460.000000	6.154800e+05

图 2-25 位置和卖家的平均值统计结果

说明

- 在执行 df.groupby('位置').mean() 时，结果中没有"卖家"列。这是因为 df['卖家'] 不是数值，所以从结果中排除了。
- 在默认情况下，所有数值列都会被聚合。

groupby 的 size() 方法，可以返回一个含有各分组大小的系列（Series），代码如下。

```
df.groupby([' 位置 ', ' 卖家 ']).size()
```

输出结果（见图 2-26）

```
位置  卖家
上海  xudong158            1
      佳福妈妈商城                  1
      夏洛特的文艺                  1
      妃莲嘉旗舰店                  2
      婆家娘家商城                  1
      简港旗舰店                   3
      金良国际                    1
北京  bobolove987          1
      hi大脚丫                  1
      taylor3699           1
      wonwon942            1
      凯飞服饰1717               1
      妈妈装工厂店1988              1
广东  安静式风格                   1
江苏  ceo放牛                 1
      kewang5188           1
      wuweihua0809         1
      zxtvszml             1
      云新旗舰店                   1
      伊秋芙旗舰店                  1
      依人怡慧no1                1
      依安雅旗舰店                 1
      依诗曼妮                   1
      便宜才是硬道理1234             1
      千百奈旗舰店                 1
```

图 2-26 位置和卖家的计数统计结果

2.7 商业分析可视化

数据图表的常用基本类型有柱状图、饼图、线图、散点图。

做可视化前要先准备好数据，以某电商网站的商品数据为例，代码如下。

```
import pandas as pd
df = pd.read_csv("D:/taobao_data.csv")
df.head()
```

输出结果（见图2-27）

	商品	价格	成交量	卖家	位置
0	新款中老年女装春装雪纺打底衫妈妈装夏装中袖宽松上衣中年人恤	99.0	16647	夏奈凤凰旗舰店	江苏
1	中老年女装清凉两件套妈妈装夏装大码短袖T恤上衣雪纺衫裙裤套装	286.0	14045	夏洛特的文艺	上海
2	母亲节衣服夏季妈妈装夏装套装短袖中年人40-50岁中老年女装T恤	298.0	13458	云新旗舰店	江苏
3	母亲节衣服中老年人春装女40岁50中年妈妈装套装夏装奶奶装两件套	279.0	13340	韶妃旗舰店	浙江
4	中老年女装春夏装裤大码 中年妇女40-50岁妈妈装夏装套装七分裤	59.0	12939	千百奈旗舰店	江苏

图2-27 导入的表格数据

　　删除"商品"和"卖家"两列，并根据位置对数值字段求均值，进行分组汇总，最后根据成交量均值进行降序排列。

```
df_mean = df.drop([" 商品 "," 卖家 "], axis=1).groupby(" 位置 ").mean().sort_ values(" 成交量 ",
ascending=False)
df_mean
# drop（默认 axis=0）是删掉行 , axis=1 是删掉列
# groupby 汇总
```

输出结果（见图2-28）

位置	价格	成交量
江苏	223.611364	7030.909091
上海	161.200000	6801.500000
湖北	254.714286	6182.000000
河北	152.000000	6050.666667
河南	119.000000	5986.000000
浙江	290.428571	5779.500000
广东	326.000000	5164.000000
北京	150.000000	4519.333333

图2-28 位置的统计结果

2.7.1 柱状图

　　柱状图，又称为长条图、柱状统计图、条状图，是一种以长方形的长度为变量的统计图表。柱状图用来比较两个或以上的价值（不同时间或者不同条件），只有一个变量，通常用于较小的数据集分析。柱状图亦可横向排列，或用于多维方式表达。

　　柱状图主要用于数据的比较，也可以用于反映数据的变化。我们使用 matplotlib 库绘制图形。在调用 matplotlib 时有以下 4 个步骤。

　　（1）设定画图背景样式，将画图的背景样式设置成 ggplot。

　　ggplot 是一个非常出色的画图库，当然这里不是调用这个库，只是在 matplotlib 中集成了这个库的画布风格（包含背景、配色等）。这里将画布风格设置成 ggplot 风格，代码如下。

```
mpl.style.use('ggplot')
```

　　（2）设定画布。

　　设定一张名叫 fig 的画布，将这张大画布分成两张小画布，分别命名为 ax1 和 ax2。figsize 设定了 fig 画布的大小为 12×4 点（point），代码如下。

```
fig, (ax1, ax2) = plt.subplots(1, 2, figsize=(12, 4))
```

　　（3）画图及设定元素。

　　画图只需要在数据集后使用 .plot() 方法，kind='barh' 表示画一个柱状图，ax=ax1 表示这个柱状图画在 ax1 这张子画布上，可以用 set_xlabel() 设定 X 轴标签，代码如下。

```
df_mean. 价格 .plot(kind='barh', ax=ax1)
ax1.set_xlabel(" 各省份平均价格 ")
```

　　（4）自动调整格式。

　　设定好图表元素后，使图表自动调整格式，代码如下。

```
fig.tight_layout()
```

　　最后画出了两个柱状图，分别展示平均价格和平均成交量，画图的完整代码如下。

```
%matplotlib inline
import matplotlib as mpl
import matplotlib.pyplot as plt
plt.rcParams['font.sans-serif']=['SimHei'] # 如果中文显示异常，那么使用这句语句设置字体可正常
显示中文标签
mpl.style.use('ggplot')
fig, (ax1, ax2) = plt.subplots(1, 2, figsize=(12, 4))
df_mean. 价格 .plot(kind='bar', ax=ax1)
ax1.set_xlabel(" 各省份平均价格 ")
df_mean. 成交量 .plot(kind='bar', ax=ax2)
```

```
ax2.set_xlabel(" 各省份平均成交量 ")
fig.tight_layout()
```

输出结果（见图 2-29）

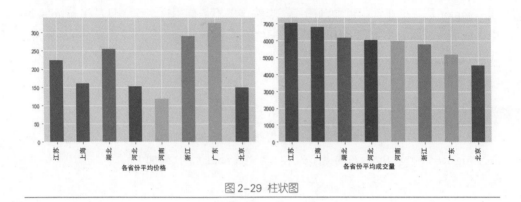

图 2-29 柱状图

2.7.2 饼图

饼图主要用于反映各分类占整体的比例，饼图只能反映相对数值的大小，不能反映绝对数值的大小。

绘制饼图还是使用 plot() 方法，只要指定 kind 参数为 pie 即可，画图的完整代码如下。

```
%matplotlib inline
import matplotlib as mpl
import matplotlib.pyplot as plt
plt.rcParams['font.sans-serif']=['SimHei'] # 如果中文显示异常，那么使用这句语句设置字体可正常
显示中文标签
mpl.style.use('ggplot')
fig, ax = plt.subplots(1, 1, figsize=(12, 12))
df_mean. 成交量 .plot(kind='pie', ax=ax)
ax.set_xlabel(" 各省份平均成交量相对分布 ")
```

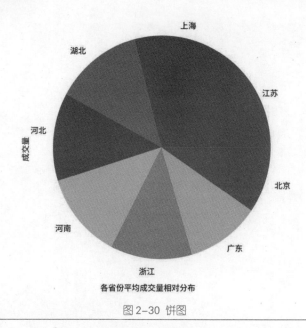

图 2-30　饼图

2.7.3　线图

线图可以显示随时间（根据常用比例设置）而变化的连续数据，因此非常适合用于显示在相等时间间隔下数据的趋势。线图主要用于反映数据的变化，也可用于对比数据。

绘制线图还是使用 plot() 方法，只要指定 kind 参数为 line 即可，画图的完整代码如下。

```
%matplotlib inline
import matplotlib as mpl
import matplotlib.pyplot as plt
plt.rcParams['font.sans-serif']=['SimHei'] # 如果中文显示异常，那么使用这句语句设置字体可正常
显示中文标签
mpl.style.use('ggplot')
fig, ax = plt.subplots(1, 1, figsize=(12, 4))
df_mean. 成交量 .plot(kind='line', ax=ax)
ax.set_xlabel(" 各省份平均成交量 ")
```

输出结果（见图2-31）

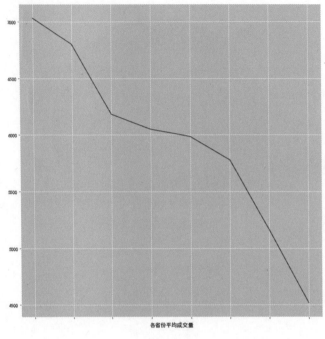

各省份平均成交量

图2-31　线图

2.7.4　散点图

散点图主要用于观察数据的分布情况，散点图也被称为万能图，可以绘制出各种各样的图形。

绘制散点图的方法和之前的方法不同，之前使用参数指定图表类型，而绘制散点图时，是使用方法来指定图表的类型，参数是要交叉的两个数据集（指标或度量）。绘制散点图时，在画布 ax 上使用 scatter() 方法。绘制散点图的完整代码如下。

```
%matplotlib inline
import matplotlib as mpl
import matplotlib.pyplot as plt
plt.rcParams['font.sans-serif']=['SimHei'] # 如果中文显示异常，那么使用这句语句设置字体可正常
显示中文标签
mpl.style.use('ggplot')
fig, ax = plt.subplots(1, 1, figsize=(12, 4))
ax.scatter(df. 价格 ,df. 成交量 )
```

```
ax.set_xlabel(" 价格 ")
ax.set_ylabel(" 成交量 ")
```

输出结果（见图 2-32）

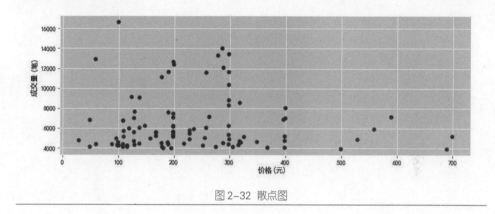

图 2-32 散点图

3

Python与市场分析案例

市场分析是运营过程中非常高频的场景，在拓展市场或者做阶段性战略目标时都离不开市场分析，市场分析的结果是给决策者最好的支撑。

市场分析是指应用统计学、计量经济学等分析工具对特定市场的运行状况、产品生产、销售、消费、技术、市场竞争力、市场竞争格局、市场政策等市场要素进行深入的分析，从而发现市场运行的内在规律，进一步预测未来市场发展的趋势。市场分析是发现和掌握市场运行规律的必经之路，对指导市场内企业的经营规划和发展具有决定性的意义。

1. 市场分析的思路

市场分析是商业行为中非常重要的环节，是做策划、定位的前道工序。决策者只有了解市场，才能做出准确有效的决策。市场分析需要 2 ~ 3 年的历史数据，如果历史数据的年限太少，则难以全面且准确地对市场做出预判。

- 市场容量(market volume)分析：这里分析的是市场相对规模。市场规模(market sizing)是难以估算的，根据统计学的方式估算的结果并不靠谱，因此用电商平台的市场数据（抽样）来分析电商的相对规模，给决策者提供有价值的参考依据。
- 市场趋势（ market trends ）分析：这是对市场的自然规律进行探索，以及对未来的发展趋势进行预测，让决策者提前根据市场发展趋势做出预判，并对经营策略进行调整。
- 市场细分（ market segmentation ）分析：市场细分是市场选择的基础，根据消费者群体将市场划分成多个子市场，子市场之间的需求存在着明显的差异。

2. 市场数据的收集

市场分析的数据需要根据分析的对象确定收集范围。如果是线下零售数据，则个人或企业都难以使用技术手段收集，线下数据需要使用传感器等设备，并且拿到数据的授权才可以获得这类数据；如果是线上零售数据，则较为简单，可以通过购买电商平台提供的数据，也可以自行采集公开的页面数据。

（1）线下零售数据可在以下系统收集。

- 收银系统，系统中有每一笔订单的数据。
- CRM（客户关系管理）系统，系统中有客户的消费数据。
- 客流统计系统，系统中有商超或门店的客流量数据。
- ERP（企业资源计划）系统，系统中有销售的产品数据。

（2）线上零售数据可在以下渠道收集。

- 电商平台官方提供的行业数据平台。平台中有行业的数据，具体字段则是随提供数据的平台的不同而不同，官方提供的数据以指数类数据为主。

- 电商平台的公开页面，需要自行采集累积原始资料，而且只有连续的数据才有价值。因为是原始资料，所以可以支持自由度最大的分析，但自行累积的时间花费较长。

- 第三方电商数据平台。第三方都是采集公开的页面数据后经过清洗、统计、汇总等环节提供给用户的数据，虽然可以节省时间和成本，但是不能像自行采集累积那样拥有原始资料。

3.1 案例：市场大盘容量分析

市场容量也称为行业规模，是指某个市场在统计期间的需求总价值。市场容量分析是对行业规模的分析和判断，市场规模决定了行业中企业发展的天花板。

3.1.1 案例背景及数据理解

1. 案例背景

市场容量分析的是市场绝对规模和相对规模，通过规模可以掌握市场的大小以及瓶颈。

- 业务需求：某企业要拓展品类，需要了解市场的大小。
- 分析目的：将市场数据分类汇总，整理成柱状图或饼图，以便于汇报。

2. 数据说明

本节提供了驱虫剂行业下 7 个子行业 3 年的交易额数据，每个子行业的数据都在一张表格中，表格的格式是 XLSX。本节任务是将每个表格中 3 年的交易额数据进行汇总，并将汇总后的结果放在一起。

数据字段如下。

- 时间：对应记录统计的时间。
- 交易金额：统计时间内支付的交易金额。

3. 案例实现思路

（1）将数据进行汇总，并计算绝对份额。

（2）计算相对份额。

（3）绘制柱状图和饼图。

下面介绍案例实现过程。

3.1.2 计算市场绝对规模

加载 Pandas 库，代码如下。

```
import pandas as pd
```

使用 Pandas 库导入数据，代码如下。

```
# 文件路径为 python 文件位置下的相对路径
dwx=pd.read_excel(" 电商案例数据及数据说明 / 驱虫剂市场 / 电蚊香套装市场近三年交易额 .xlsx")
fmfz=pd.read_excel(" 电商案例数据及数据说明 / 驱虫剂市场 / 防霉防蛀片市场近三年交易额 .xlsx")
msmc=pd.read_excel(" 电商案例数据及数据说明 / 驱虫剂市场 / 灭鼠杀虫剂市场近三年交易额 .xlsx")
mz=pd.read_excel(" 电商案例数据及数据说明 / 驱虫剂市场 / 盘香灭蟑香蚊香盘市场近三年交易
额 .xlsx")
wxq=pd.read_excel(" 电商案例数据及数据说明 / 驱虫剂市场 / 蚊香加热器市场近三年交易额 .xlsx")
wxp=pd.read_excel(" 电商案例数据及数据说明 / 驱虫剂市场 / 蚊香片市场近三年交易额 .xlsx")
wxy=pd.read_excel(" 电商案例数据及数据说明 / 驱虫剂市场 / 蚊香液市场近三年交易额 .xlsx")
```

1. 观察数据

打印前 5 行数据和后 5 行数据（每个市场都要查看，此处仅以电蚊香市场为例）。

使用 head() 方法查看前 5 行数据，代码如下。

```
print(dwx.head())
```

输出结果

```
   时间        交易金额
0 2018-10-01  106531.29 元
1 2018-09-01  105666.63 元
2 2018-08-01  201467.03 元
3 2018-07-01  438635.29 元
4 2018-06-01  953749.78 元
```

使用 tail() 方法查看后 5 行数据，代码如下。

```
print(dwx.tail())
```

输出结果

```
      时间           交易金额
31    2016-03-01    352013.31 元
32    2016-02-01    96979.48 元
```

33	2016-01-01	108412.71 元
34	2015-12-01	110068.83 元
35	2015-11-01	185094.22 元

2. 查看数据的基本结构

使用 info() 方法查看数据的字段及类型，代码如下。

```
print(dwx.info())
```

输出结果

```
<class 'pandas.core.frame.DataFrame'>
RangeIndex: 36 entries, 0 to 35
Data columns (total 2 columns):
时间      36 non-null datetime64[ns]
交易金额   36 non-null float64
dtypes: datetime64[ns](1), float64(1)
```

通过对数据的探索与观察，数据集是 7 个子行业数据。每个子行业的数据中一共有两列字段：时间和交易金额，其中时间的跨度是 2015 年 11 月至 2018 年 10 月。

用 sum() 方法汇总数据，代码如下。

```
dwx[' 交易金额 '].sum() # 汇总单张表格数据
```

将 7 张表格的数据汇总并形成一张表，代码如下。

```
m_sum=pd.DataFrame(data=[dwx.sum().values,fmfz.sum().values,msmc.sum().values
        ,mz.sum().values,wxq.sum().values,wxp.sum().values,wxy.sum().values]
        ,columns=[' 销售额 ']
        ,index=[' 电蚊香 ',' 防霉防蛀 ',' 灭鼠灭虫 ',' 灭蟑 ',' 蚊香加热器 ',' 蚊香片 ',' 蚊香液 '])
print(m_sum)
```

输出结果

```
            销售额
电蚊香      2.178805e+07 元
防霉防蛀    1.804635e+08 元
灭鼠灭虫    2.527161e+09 元
灭蟑       2.515832e+08 元
蚊香加热器  3.313501e+07 元
蚊香片     1.281525e+08 元
蚊香液     8.523022e+08 元
```

对上述数据进行行汇总，得到驱虫市场总规模，代码如下。

```
m_sum.loc['Row_sum'] = m_sum.apply(lambda x: x.sum())
# 或者 m_sum ['Col_sum'] = m_sum.sum()
print(m_sum)
```

输出结果

	销售额
电蚊香	2.178805e+07 元
防霉防蛀	1.804635e+08 元
灭鼠灭虫	2.527161e+09 元
灭蟑	2.515832e+08 元
蚊香加热器	3.313501e+07 元
蚊香片	1.281525e+08 元
蚊香液	8.523022e+08 元
Row_sum	3.994585e+09 元

3.1.3 计算市场相对规模

市场相对规模即市场占比，上面汇总好的数据是绝对数据，分析时除了要知道市场具体的数字，还需要知道相对的数据，相对规模方便我们理解数据的意义。比如，电蚊香近 3 年的市场规模是 2000 万元，在 7 个同级子行业中的相对份额占有率为 10%，通过这样的描述，就可以很好地理解电蚊香市场的规模。

在市场绝对规模的基础上计算相对规模，代码如下。

```
m_sum[' 份额占比 ']=m_sum/m_sum.loc['Row_sum']
print(m_sum)
```

输出结果

	销售额	份额占比
电蚊香	2.178805e+07 元	0.005454
防霉防蛀	1.804635e+08 元	0.045177
灭鼠灭虫	2.527161e+09 元	0.632647
灭蟑	2.515832e+08 元	0.062981
蚊香加热器	3.313501e+07 元	0.008295
蚊香片	1.281525e+08 元	0.032082
蚊香液	8.523022e+08 元	0.213364
Row_sum	3.994585e+09 元	1.000000

将份额占比调整为百分比，保留 1 位小数。可以使用函数 round: round(number, ndigits=None)，第 1 个参数为数字，第 2 个参数为保留几位小数，代码如下。

```
m_sum[' 份额占比 ']=round(m_sum/m_sum.loc['Row_sum']*100,1)
```

再将最后一行 Row_sum 删除，代码如下。

```
m_sum.drop(labels=['Row_sum'],axis=0,inplace=True)
```

	销售额	份额占比
电蚊香	2.178805e+07 元	0.5
防霉防蛀	1.804635e+08 元	4.5
灭鼠灭虫	2.527161e+09 元	63.3
灭蟑	2.515832e+08 元	6.3
蚊香加热器	3.313501e+07 元	0.8
蚊香片	1.281525e+08 元	3.2
蚊香液	8.523022e+08 元	21.3

3.1.4　绘制柱状图和饼图

图形比数字更加直观，在工作中往往需要将分析结果转化为可视化图形，因为图形更利于非技术人士理解数字。其中绝对市场份额适合使用柱状图展现，因为柱状的高低直接反映数据的大小；相对市场份额适合使用饼图展现，因为饼图容易让人理解为一块蛋糕分成多块后每一块的大小，这和相对市场份额的概念十分贴近。

1. 用市场绝对份额绘制柱状图

导入 matplotlib 库，代码如下。

```
import matplotlib.pyplot as plt
```

设置参数，以确保图形正确显示，代码如下。

```
plt.rcParams['font.sans-serif']='simhei' # 用来正常显示中文标签
plt.rcParams['axes.unicode_minus']=False # 用来正常显示负号
```

将子行业的名称设置为 x 轴，子行业的绝对份额设置为 y 轴，代码如下。

```
x=m_sum.index.values.tolist()
y=m_sum[" 销售额 "].values.tolist()
```

设置画布大小，代码如下。

```
pl=plt.figure(figsize=(8,6))# 表示图片的大小为宽 8inch、高 6inch（单位为 inch）
```

绘制子市场绝对份额柱状图，代码如下。

```
plt.bar(x,y)
```

设置标题及 x 轴标题、y 轴标题，代码如下。

```
plt.xlabel(' 叶子市场 ')
plt.ylabel(' 市场绝对份额 ')
```

设置数字标签，代码如下。

```
for a,b in zip(x,y):
    plt.text(a,b+0.05,'%.0f'% b,ha='center',va='bottom',fontsize=8)
plt.show()
```

输出结果（见图 3-1）

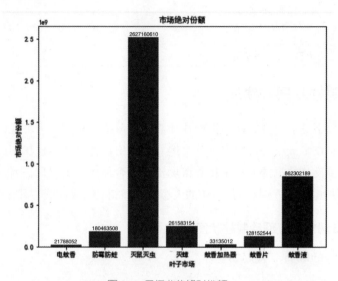

图 3-1 子行业的绝对份额

说明

设置数字标签注释：zip(x,y) 中的 x、y 值代表不同柱子的坐标位置，for 循环遍历每一个 x、y，使用 plt.text 在对应位置添加文字说明生成数字标签。

其中，a,b+0.05 表示在每一柱子对应的 x 值、y 值上方 0.05 处标注文字说明；'%.0f' % b, 表示标注的文字格式，比如，%.3f 表示保留 3 位小数，%.0f 表示仅保留 0 位小数，即整数；ha=' center ',va= ' bottom' 表示 horizontalalignment（水平对齐）的对齐方式为 center（居中）、verticalalignment（垂直对齐）的对齐方式为 bottom（底部），fontsize=8 表示设置字号为 8。

2. 用市场相对份额绘制饼图

将子行业名称设置为饼图的标签，相对市场份额设置为饼图的大小，代码如下。

```
labels = m_sum.index.values.tolist()
sizes = m_sum[" 份额占比 "].values.tolist()
```

设置画布的宽为 8inch，高为 6inch，代码如下。

```
pl=plt.figure(figsize=(8,6))
```

绘制饼图。autopct=' %.1f%% '表示设置百分比的格式，此处保留 1 位小数，f 后面的两个 % 表示实际显示数字的百分号；startangle=180 表示设置饼图的初始角度。代码如下。

```
plt.pie(sizes,labels=labels,autopct='%.1f%%',shadow=False,startangle=180)
```

设置标题，代码如下。

```
plt.title(" 叶子市场相对市场份额 ")
```

设置饼图为圆形，代码如下。

```
plt.axis('equal')
plt.show()
```

输出结果（见图 3-2）

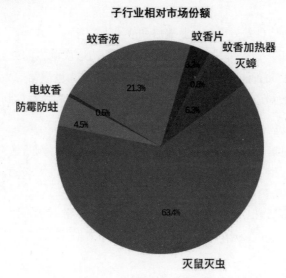

图 3-2 子行业相对市场份额

3.2 案例：市场趋势分析

市场趋势分析是对市场的自然规律进行探索，以及对未来的发展趋势进行预测，让决策者提前根据市场发展趋势做出预判，并对经营策略进行调整。

3.2.1　案例背景及数据理解

1．案例背景

市场趋势是指根据历史数据掌握市场需求随时间变化的情况，从而估计和预测市场未来的趋势。市场趋势分析在商业分析中具有十分重要的地位，企业都在探索如何能够准确预测市场趋势，因为企业的利润是从信息差中产生的，信息差根据市场角色可划分为企业和消费者之间的信息差、企业和企业之间的信息差。企业和消费者之间的信息差在一定程度上决定了商品的售价，例如，消费者通过企业购买一件商品是 100 元，但消费者并不知道企业的成本只需要 48 元，因为消费者和企业之间存在较大的信息差，因此企业可以以更高的价格来赚取利润。如果一个行业的价格透明了，那也就意味着消费者了解商品的大概成本，此时消费者和企业之间的信息差就变小了。

企业和企业的信息差体现在企业战略和战术上，例如，1972 年，法国人皮埃尔·瓦克预测了石油危机，让壳牌成为唯一一家能够抵挡这次危机的大石油公司。从此，壳牌公司从世界七大石油公司中最小的一个，一跃成为世界第二大石油公司。壳牌就是在其他企业不知道的前提下，优先调整了市场战略和战术，利用信息差打了一场漂亮的逆袭战。

业务需求：观察市场趋势，计算各个品类的市场增量并判断是否为增量市场。

2．数据说明

电蚊香、防霉防蛀、灭鼠灭虫、灭蟑、蚊香加热器、蚊香片、蚊香液 3 年的交易额数据，每个产品的数据单独存放在 XLSX 文件中。

数据字段如下。

- 时间：对应记录统计的时间。
- 交易金额：统计时间内支付的交易金额。

3．案例实现思路

数据分析思路梳理：要对整个驱虫市场进行潜力趋势分析，需要知道近 3 年整体市场的销售增长趋势，根据销售趋势与市场的生命周期曲线的弧度拟合程度，判断市场所处的发展阶段 [兴起（emerge）、成长（growth）、成熟（maturity）及衰退

（decline）]。除此之外，还要了解各细分市场在行业中的比例分配及发展趋势，以便更进一步剖析市场。

数据清洗思路：

（1）首先应该进行的数据整理是对 7 个子行业数据进行整合合并。

（2）其次要进行的是时间年度的整合。原因是，在电商行业中，如果要进行市场潜力的分析，那么通常会选择整个年度作为时间分析跨度。而此处的数据中，2015 年与 2018 年都不是完整年度，需要对数据进行补齐。对该数据集，我们选用回归预测将 2018 年 11 月与 12 月的数据补齐。

（3）最后将所有的数据进行年度整合汇总。

3.2.2　根据时间合并市场数据

本节依旧使用驱虫剂行业下 7 个子行业 3 年的交易额数据，时间宽度是 2015 年 11 月到 2018 年 10 月，每个子行业的数据都在一张表格中，表格的格式是 XLSX。本节任务是将每个表格中 3 年的交易额数据根据时间进行合并，合并好的数据可以直接用来分析，代码如下。

```
d=pd.merge(dwx,fmfz,on=' 时间 ')
for i in [msmc,mz,wxq,wxp,wxy]:
    d=pd.merge(d,i,on=' 时间 ')
d.columns=[' 时间 ',' 电蚊香 ',' 防霉防蛀 ',' 灭鼠灭虫 ',' 灭蟑 ',' 蚊香加热器 ',' 蚊香片 ',' 蚊香液 ']
```

使用 head() 和 tail() 方法观察数据，代码如下。

```
d.head()
```

输出结果

	时间	电蚊香	防霉防蛀	灭鼠灭虫	灭蟑	蚊香加热器	蚊香片	蚊香液
0	2018-10-01	106531.29	8541153.59	1.136548e+08	4171283.35	315639.48	1032414.29	7814546.15
1	2018-09-01	105666.63	8825870.43	1.440261e+08	6784500.17	457366.41	1566651.88	10654973.47
2	2018-08-01	201467.03	6320153.44	1.540426e+08	10709683.41	746513.13	2617149.00	17835577.80
3	2018-07-01	438635.29	6302595.06	1.480032e+08	16589184.89	1871757.00	6209040.06	38877917.83
4	2018-06-01	953749.78	7047206.98	1.359438e+08	23526385.73	3641025.92	12484919.63	76499091.86

tail() 方法的代码如下。

```
d.tail()
```

输出结果

	时间	电蚊香	防霉防蛀	灭鼠灭虫	灭蟑	蚊香加热器	蚊香片	蚊香液
31	2016-03-01	352013.31	3481194.46	29526097.40	1204574.20	246106.75	746709.07	6656381.71
32	2016-02-01	96979.48	1274810.96	15001352.47	449199.41	36193.85	109108.05	693907.46
33	2016-01-01	108412.71	1562393.95	21078220.78	619042.01	49670.25	113284.71	482889.01
34	2015-12-01	110068.83	2333602.08	24727556.28	818479.56	34076.91	134890.48	583284.49
35	2015-11-01	185094.22	3364112.14	33038726.31	1197791.27	86889.91	325744.43	1579795.72

3.2.3 补齐缺失月的数据

数据时间宽度是 2015 年 11 月到 2018 年 10 月，从时间的完整性来讲，虽然是 36 个月，但不是完整的 3 年。这种情况下就要根据分析场景与业务方沟通好对"年"的定义，可以按照类似"财年"的概念来分析，每 12 个月为一"年"。如果业务方需要按照西历定义的"年"来分析，则需要补齐缺失的两个月的数据，取 2016 年 1 月到 2018 年 12 月，共计 36 个月的数据。

如果可以直接获取到 2018 年 11 月和 12 月的数据当然最好，但在实际工作中，可能接到任务时还是 2018 年的 11 月。如果你跟老板说我们要等到 2019 年 1 月才能开始分析，因为那时才能拿到完整的数据，那么你很可能就被老板解雇了。

这种情况可以使用预测的方法，预测出 2018 年 11 月和 12 月的数据，然后用预测的数据进行分析。

下面我们预测一个子行业的 12 月数据。

索引 2017 年 12 月的数据，代码如下。

```
t17=d.where(d. 时间 =='2017-12-1').dropna()
```

输出结果

时间	电蚊香	防霉防蛀	灭鼠灭虫	灭蟑	蚊香加热器	蚊香片	蚊香液
2017-12-01	71600.17	3259747.23	42922831.01	796930.46	69145.59	314120.38	2213102.83

同理，将 2016 年 12 月和 2015 年 12 月的数据也索引出来，代码如下。

```
t16=d.where(d. 时间 =='2016-12-1').dropna()
t15=d.where(d. 时间 =='2015-12-1').dropna()
```

将 2015 年、2016 年、2017 年共 3 年的数据合并，代码如下。

```
t4=pd.concat([t17,t16,t15])
```

输出结果

	时间	电蚊香	防霉防蛀	灭鼠灭虫	灭蟑	蚊香加热器	蚊香片	蚊香液
10	2017-12-01	71600.17	3259747.23	42922831.01	796930.46	69145.59	314120.38	2213102.83
22	2016-12-01	84350.57	3504367.98	35466680.56	1234900.05	52118.96	293737.20	1558633.63
34	2015-12-01	110068.83	2333602.08	24727556.28	818479.56	34076.91	134890.48	583284.49

由于我们的目的是用 2015—2017 年这 3 年的 12 月的数据来进行回归建模，预测 2018 年 12 月的数据，因此，此处我们选用 2015、2016、2017 作为 x 变量，每一年 12 月的数据作为 y 变量，代码如下。

```
y=t4.drop(' 时间 ',axis=1)
```

输出结果

	电蚊香	防霉防蛀	灭鼠灭虫	灭蟑	蚊香加热器	蚊香片	蚊香液
10	71600.17	3259747.23	42922831.01	796930.46	69145.59	314120.38	2213102.83
22	84350.57	3504367.98	35466680.56	1234900.05	52118.96	293737.20	1558633.63
34	110068.83	2333602.08	24727556.28	818479.56	34076.91	134890.48	583284.49

设置 x 轴的年份，代码如下。

```
x=[2017,2016,2015]
```

使用回归算法预测，先加载 NumPy 和 sklearn 库，代码如下。

```
import numpy as np
from sklearn import linear_model
```

将数据处理成回归模型所需要的形式，代码如下。

```
x_train=np.array(x).reshape(-1,1)
y_train=np.array(y.iloc[:,0])
```

将线性模型实例化，代码如下。

```
linear_reg=linear_model.LinearRegression()
```

训练模型，代码如下。

```
linear_reg.fit(x_train,y_train)
```

输入自变量 2018，预测 2018 年 12 月的销售额，代码如下。

```
y_2018_12=linear_reg.predict(np.array([2018]).reshape(-1,1)).round(1)
```

输出预测结果，代码如下。

```
print(y_2018_12[0])
```

输出结果

50204.5

　　当一个动作有规律地出现 3 次或 3 次以上时，肯定有一个办法可以更高效、便捷地实现。这里用循环来预测所有子行业的 12 月数据。

　　输入 for 循环语句，得到 2018 年所有子行业 12 月的预测值，代码如下。

```
y_12=[]
for i in range(7):
 y_train=np.array(y.iloc[:,i])
 linear_reg=linear_model.LinearRegression()
 linear_reg.fit(x_train,y_train)
 y_pre=linear_reg.predict(np.array([2018]).reshape(-1,1)).round(1)
 y_12.append(y_pre[0])
```

　　打印 2018 年各子行业 12 月的预测结果，代码如下。

```
print(y_12)
```

输出结果

[50204.5, 3958717.6, 52567630.7, 928554.3, 86849.2, 426812.6, 3081492.0]

　　下面预测 11 月的数据。

　　提取 2015 到 2017 年 11 月的数据，代码如下。

```
t1=d.where(d. 时间 =='2017-11-1').dropna()
t2=d.where(d. 时间 =='2016-11-1').dropna()
t3=d.where(d. 时间 =='2015-11-1').dropna()
t=pd.concat([t1,t2,t3])
y1=t.drop(' 时间 ',axis=1)
```

　　输入 for 循环语句，得到 2018 年所有子行业 11 月的预测值，代码如下。

```
y_11=[]
for i in range(7):
 y1_train=np.array(y1.iloc[:,i])
 linear_reg=linear_model.LinearRegression()
 linear_reg.fit(x_train,y1_train)
 y_pre=linear_reg.predict(np.array([2018]).reshape(-1,1)).round(1)
 y_11.append(y_pre[0])
```

　　打印 2018 年子行业 11 月的预测结果，代码如下。

```
print(y_11)
```

[38692.6, 6678677.5, 71752496.0, 1801318.8, 193874.4, 776627.0, 5543203.8]

3. 整理数据集

预测好的数据要写回到数据集，删除 2015 年两个月的数据，并且修改好日期的格式。在绘制图形前，还需要根据时间汇总数据，如按年或者季度汇总。

下面添加 2018 年 11 月和 12 月的数据。

加载 datetime 库，代码如下。

```
import datetime
```

将字符串转为 datetime，代码如下。

```
a1=datetime.datetime.strptime('2018-11-1','%Y-%m-%d')
```

将数据插入 y_11 中，代码如下。

```
y_11.insert(0,a1)
print(y_11)
```

[datetime.datetime(2018, 11, 1, 0, 0),38692.6,6678677.5,71752496.0,1801318.8,
193874.4,776627.0,5543203.8]

将字符串转为 datetime，代码如下。

```
a2=datetime.datetime.strptime('2018-12-1','%Y-%m-%d')
y_12.insert(0,a2)
print(y_12)
```

[datetime.datetime(2018,12,1,0,0),50204.5,3958717.6,52567630.7,928554.3,
86849.2,426812.6,3081492.0]

将 2015 年 11 月和 12 月的数据替换成预测结果，2015 年 11 月和 12 月的数据可以通过观察数据集读取行号精准定位，代码如下。

```
d.iloc[34]=y_12
d.iloc[35]=y_11
d.tail()
```

输出结果（见图 3-3）

	时间	电蚊香	防霉防蛀	灭鼠灭虫	灭蟑	蚊香加热器	蚊香片	蚊香液
31	2016-03-01	352013.31	3481194.46	29526097.40	1204574.20	246106.75	746709.07	6656381.71
32	2016-02-01	96979.48	1274810.96	15001352.47	449199.41	36193.85	109108.05	693907.46
33	2016-01-01	108412.71	1562393.95	21078220.78	619042.01	49670.25	113284.71	482889.01
34	2018-12-01	50204.50	3958717.60	52567630.70	928554.30	86849.20	426812.60	3081492.00
35	2018-11-01	38692.60	6678677.50	71752496.00	1801318.80	193874.40	776627.00	5543203.80

图 3-3 整理数据集 1

按照日期降序排列，代码如下。

```
d.sort_values(by=' 时间 ',ascending=False,inplace=True)
```

重置索引（index），代码如下。

```
d.reset_index(inplace=True)
```

由于索引列没有作用，所以可以删除，代码如下。

```
del d['index']
```

查看数据结果，代码如下。

```
print(d.head())
```

输出结果（见图 3-4）

	时间	电蚊香	防霉防蛀	灭鼠灭虫	灭蟑	蚊香加热器	蚊香片	蚊香液
0	2018-12-01	50204.50	3958717.60	5.256763e+07	928554.30	86849.20	426812.60	3081492.00
1	2018-11-01	38692.60	6678677.50	7.175250e+07	1801318.80	193874.40	776627.00	5543203.80
2	2018-10-01	106531.29	8541153.59	1.136548e+08	4171283.35	315639.48	1032414.29	7814546.15
3	2018-09-01	105666.63	8825870.43	1.440261e+08	6784500.17	457366.41	1566651.88	10654973.47
4	2018-08-01	201467.03	6320153.44	1.540426e+08	10709683.41	746513.13	2617149.00	17835577.80

图 3-4 整理数据集 2

汇总每一个月份的子行业市场数据，代码如下。

```
d2=d.drop(' 时间 ',axis=1)
d['col_sum']=d2.apply(lambda x:x.sum(),axis=1)
```

输出结果（见图3-5）

	时间	电蚊香	防霉防蛀	灭鼠灭虫	灭蟑	蚊香加热器	蚊香片	蚊香液	col_sum
0	2018-10-01	106531.29	8541153.59	1.136548e+08	4171283.35	315639.48	1032414.29	7814546.15	1.356363e+08
1	2018-09-01	105666.63	8825870.43	1.440261e+08	6784500.17	457366.41	1566651.88	10654973.47	1.724211e+08
2	2018-08-01	201467.03	6320153.44	1.540426e+08	10709683.41	746513.13	2617149.00	17835577.80	1.924731e+08
3	2018-07-01	438635.29	6302595.06	1.480032e+08	16589184.89	1871757.00	6209040.06	38877917.83	2.182924e+08
4	2018-06-01	953749.78	7047206.98	1.359438e+08	23526385.73	3641025.92	12484919.63	76499091.86	2.600962e+08

图 3-5 整理数据集 3

提取日期的年份，代码如下。

```
d['year']=d.时间.apply(lambda x: x.year)
```

按年份汇总数据，代码如下。

```
data_sum=d.groupby('year').sum()
print(data_sum)
```

输出结果（见图3-6）

	电蚊香	防霉防蛀	灭鼠灭虫	灭蟑	蚊香加热器	蚊香片	蚊香液	col_sum
year								
2016	7666572.12	50023001.94	6.080471e+08	4.785285e+07	5905204.71	27980839.47	1.704905e+08	9.179661e+08
2017	9377531.68	62678822.18	8.477740e+08	8.635539e+07	10552841.02	49068587.96	3.300656e+08	1.395873e+09
2018	4537682.05	72701365.20	1.137893e+09	1.180885e+08	16836723.47	51845921.53	3.582077e+08	1.760111e+09

图 3-6 整理数据集 4

3.2.4 绘制趋势图

在上面计算了汇总列，可以绘制 7 个子行业总和的驱虫剂市场趋势，也可以分别绘制 7 个子行业的市场趋势，以及 7 个子行业的市场占比趋势。

（1）绘制驱虫剂市场趋势。

导入 matplotlib 绘图库，代码如下。

```
import matplotlib.pyplot as plt
```

将年份设置为 x 轴，将汇总的驱虫剂市场总交易额作为 y 轴，代码如下。

```
year=list(data_sum.index)
x=range(len(year))
y=data_sum['col_sum']
```

选择 ggplot 的绘图方式，代码如下。

```
with plt.style.context('ggplot'):
```

设置画布大小，宽为 8inch，高为 6inch，代码如下。

```
pl=plt.figure(figsize=(8,6))
```

绘制线图，代码如下。

```
plt.plot(x,y)
```

设置图表标题，*x* 轴标题，*y* 轴标题，设置刻度线格式，代码如下。

```
plt.title(' 近三年驱虫剂市场趋势图 ')
plt.xlabel('year')
plt.ylabel(' 交易额 ')
plt.xticks(x,year,fontsize=9,rotation=45)# rotation=45 表示横轴逆时针选择 45 度
```

展示趋势图，市场呈现增长趋势，代码如下。

```
plt.show()
```

输出结果（见图 3-7）

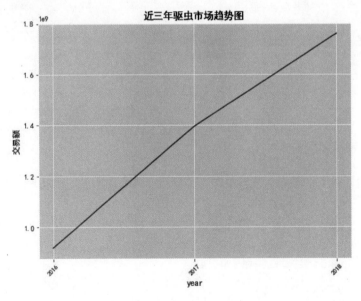

图 3-7 驱虫剂市场趋势图

通过图 3-7 发现近三年驱虫剂市场销售增长趋势明显，市场处于成长—成熟期，发展潜力依然巨大。

（2）绘制各个子行业市场的趋势图。

选择 ggplot 的绘图方式，代码如下。

```
with plt.style.context('ggplot'):
```

设置画布大小，宽为 8inch，高为 6inch，代码如下。

```
pl=plt.figure(figsize=(8,6))
```

绘制各子行业市场趋势线图，代码如下。

```
plt.plot(x,data_sum.iloc[:,0])
plt.plot(x,data_sum.iloc[:,1])
plt.plot(x,data_sum.iloc[:,2])
```

设置数字标签，代码如下。

```
for a,b in zip(x,data_sum.iloc[:,2]):
    plt.text(a,b+0.05,'%.0f'% b,ha='center',va='bottom',fontsize=8)
plt.plot(x,data_sum.iloc[:,3])
plt.plot(x,data_sum.iloc[:,4])
plt.plot(x,data_sum.iloc[:,5])
plt.plot(x,data_sum.iloc[:,6])
```

设置数字标签，代码如下。

```
for a,b in zip(x,data_sum.iloc[:,6]):
    plt.text(a,b+0.05,'%.0f'% b,ha='center',va='bottom',fontsize=8)
```

设置图的标题、x 轴标题、y 轴标题，设置刻度线格式，代码如下。

```
plt.title(' 近三年驱虫剂市场各子行业容量趋势 ')
plt.xlabel('year')
plt.ylabel(' 交易额 ')
plt.xticks(x,year,fontsize=9,rotation=45)
```

设置图例，并画图，代码如下。

```
plt.legend([' 电蚊香 ',' 防霉防蛀 ',' 灭鼠灭虫 ',' 灭蟑 ',' 蚊香加热器 ',' 蚊香片 ',' 蚊香液 '])
plt.show()
```

输出结果（见图3-8）

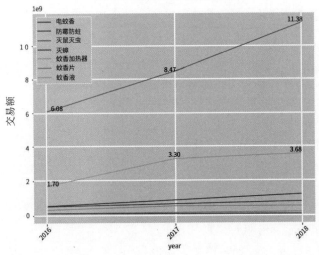

图3-8 驱虫剂市场各子市场容量趋势图

（3）绘制各个子行业占比趋势图

计算每一个子行业的占比，代码如下。

```
data_percentage=data_sum.copy()
for i in range(3):
  data_percentage.iloc[i]=round(data_percentage.iloc[i]/data_percentage.iloc[i][-1]*100,2)
del data_percentage['col_sum']
```

输出结果（见图3-9）

year	电蚊香	防霉防蛀	灭鼠灭虫	灭蟑	蚊香加热器	蚊香片	蚊香液
2016	0.84	5.45	66.24	5.21	0.64	3.05	18.57
2017	0.67	4.49	60.73	6.19	0.76	3.52	23.65
2018	0.26	4.13	64.65	6.71	0.96	2.95	20.35

图3-9 每个子市场的占比

绘制驱虫剂市场各子行业占比趋势图，代码如下。

```
with plt.style.context('ggplot'):
  pl=plt.figure(figsize=(8,6))
  plt.plot(x,data_percentage.iloc[:,0])
```

```
plt.plot(x,data_percentage.iloc[:,1])
plt.plot(x,data_percentage.iloc[:,2])
for a,b in zip(x,data_percentage.iloc[:,2]):
    plt.text(a,b+0.05,'%.0f'% b,ha='center',va='bottom',fontsize=8)
plt.plot(x,data_percentage.iloc[:,3])
plt.plot(x,data_percentage.iloc[:,4])
plt.plot(x,data_percentage.iloc[:,5])
plt.plot(x,data_percentage.iloc[:,6])
for a,b in zip(x,data_percentage.iloc[:,6]):
    plt.text(a,b+0.05,'%.0f'% b,ha='center',va='bottom',fontsize=8)
    plt.title(' 近三年驱虫剂市场各子行业占比趋势 ')
plt.xlabel('year')
plt.ylabel(' 交易额 ')
plt.xticks(x,year,fontsize=9,rotation=45)
plt.legend([' 电蚊香 ',' 防霉防蛀 ',' 灭鼠灭虫 ',' 灭蟑 ',' 蚊香加热器 ',' 蚊香片 ',' 蚊香液 '])
plt.show()
```

输出结果（见图 3-10 ）

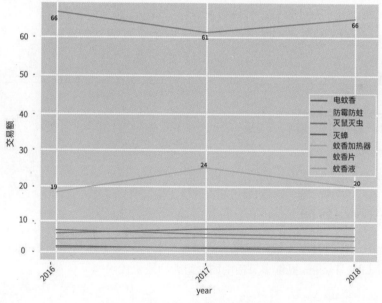

图 3-10　驱虫剂市场各子市场占比趋势图

由上述分析可知"灭鼠灭虫"市场一直位居首位,近三年来,占比均在 60% 以上,
可以说该子行业增长态势优良,规模的天花板足够高。

3.2.5 计算市场增量

市场增量分析即增量分析法，是指对被比较的市场在规模、成本等方面的差额部分进行分析，进而对市场进行比较。

将"灭鼠灭虫"市场近三年的销售数据索引出来，代码如下。

```
d_m=list(data_sum[' 灭鼠灭虫 '].round(2))
```

输出结果

```
[608047076.97, 847773992.52, 1137893384.89]
```

计算 2017 年的环比增幅，代码如下。

```
(d_m[1]-d_m[0])/d_m[0]
```

输出结果

```
0.3942
```

计算 2018 年的环比增幅，代码如下。

```
(d_m[2]-d_m[1])/d_m[1]
```

输出结果

```
0.3422
```

增量计算也可以使用 pct_change() 方法，该方法会计算当前数据和上一个数据的差值比例，代码如下。

```
data_sum[' 灭鼠灭虫 '].pct_change()
```

3.2.6 绘制组合图

组合图是将两种以上的图形类型叠加在一起，只要坐标系相同就可以叠加，如柱状图和线图，Python 提供了灵活的图形组合功能，代码如下。

```
with plt.style.context('ggplot'):
    pl=plt.figure(figsize=(8,6))
```

绘制柱状图，代码如下。

```
plt.bar(x,data_sum.iloc[:,2])
```

绘制线图，color=' b '表示将图形的颜色渲染成蓝色（blue），marker=' o '表示标记用 o，代码如下。

```
plt.plot(x,data_sum.iloc[:,2],color='b',marker='o')
```

设置图标题、坐标轴标题，并画图，代码如下。

```
for a,b in zip(x,data_sum.iloc[:,2]):
    plt.text(a,b+0.05,'%.0f'% b,ha='center',va='bottom',fontsize=8)
    plt.title(' 近三年 "灭鼠杀虫" 市场容量趋势 ')
plt.xlabel('year')
plt.ylabel(' 交易额 ')
plt.xticks(x,year,fontsize=9,rotation=45)
plt.show()
```

输出结果（见图 3-11）

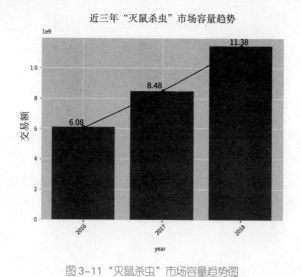

图 3-11 "灭鼠杀虫" 市场容量趋势图

3.3 案例：细分市场分析

市场细分（market segmentation）就是指企业按照某种标准将市场中的顾客划分成若干个顾客群，每一个顾客群构成一个子市场，不同子市场之间，需求存在着明显差别。市场细分是选择目标市场的基础。市场营销在企业的活动包括细分一个市场，并把它作为公司的目标市场，设计正确的产品、服务、价格、促销和分销系统"组合"，以满足细分市场内顾客的需求。

3.3.1 案例背景及数据理解

1. 案例背景

市场细分是市场分析中的重要环节，需要基于市场属性或自然属性对市场进行切割，但不可人为切割，需要遵循常识和自然规律。

业务需求：运营人员要知道"灭鼠灭虫"市场应该从哪个细分市场切入。

2. 数据说明

电蚊香、防霉防蛀、灭鼠灭虫、灭蟑、蚊香加热器、蚊香片、蚊香液三年的交易额数据，每个产品的数据单独存放在 XLSX 文件中。

数据字段如下。

- 时间：对应记录统计的时间。
- 预估销售额：统计时间内预估的交易金额。

3. 案例实现思路

（1）根据杀虫剂的类别对数据进行汇总统计。

（2）根据价格分组，计算一个商品分配的销售额，计算方式为：预估销售额 / 商品数，其中商品数是商品 ID 的计数汇总项。商品分配的销售额越大，说明该细分市场相对容易做。

（3）根据商品特征分组。

（4）分析消费者评价，对消费者评价进行分词，并绘制词云图，以此了解消费者的需求。

3.3.2 类别的分布分析

本节提供了 5 个表格，表格中包含"灭鼠灭虫"市场各产品类别的详细数据，在练习前应仔细观察数据集，代码如下。

```
# 文件路径为 python 文件位置下的相对路径
d1=pd.read_excel(" 电商案例数据及数据说明 / 灭鼠杀虫剂细分市场 / 螨 .xlsx")
d2=pd.read_excel(" 电商案例数据及数据说明 / 灭鼠杀虫剂细分市场 / 灭鼠 .xlsx")
d3=pd.read_excel(" 电商案例数据及数据说明 / 灭鼠杀虫剂细分市场 / 杀虫 .xlsx")
d4=pd.read_excel(" 电商案例数据及数据说明 / 灭鼠杀虫剂细分市场 / 虱子 .xlsx")
d5=pd.read_excel(" 电商案例数据及数据说明 / 灭鼠杀虫剂细分市场 / 蟑螂 .xlsx")
```

将各类别的属性和销售额索引出来，代码如下。

```
a1=d1.loc[:,[' 类别 ',' 预估销售额 ']]
a2=d2.loc[:,[' 类别 ',' 预估销售额 ']]
a3=d3.loc[:,[' 类别 ',' 预估销售额 ']]
a4=d4.loc[:,[' 类别 ',' 预估销售额 ']]
a5=d5.loc[:,[' 类别 ',' 预估销售额 ']]
```

合并数据集，代码如下。

```
data=pd.concat([a1,a2,a3,a4,a5])
```

按照类别进行分组求和汇总，代码如下。

```
data2=data.groupby(' 类别 ').sum()
```

计算每一个类别占总体的份额比例，保留两位小数，代码如下。

```
data2[' 份额占比 ']=round(data2/data2.sum().values*100,2)
```

输出结果（见图 3-12）

类别	预估销售额	份额占比
杀虫	8207628.10	12.19%
灭鼠	25686011.99	38.15%
虱	4512886.01	6.70%
螨	10886752.88	16.17%
蟑螂	18037223.68	26.79%

图 3-12 每一个类别占总体的份额比例

类别的绝对份额可使用条形图展示，类别的相对份额可使用饼图展示。

1. 绘制条形图

将产品分类设置为条形图的 y 坐标轴，销售额设置为条形图的 x 坐标轴，代码如下。

```
cate=list(data2.index)
value = data2.iloc[:,0]
```

设置画布大小，宽为 10inch，高为 6inch，代码如下。

```
pl=plt.figure(figsize=(10,6))
```

绘制条形图，代码如下。

```
plt.barh(cate, value)
```

设置图标题、x 轴标题、y 轴标题，并绘制图形，代码如下。

```
plt.title(' "灭鼠杀虫" 市场各产品类别销售分布 ')
plt.xlabel(' 销售额 ')
plt.ylabel(' 类别 ')
plt.show()
```

输出结果（见图 3-13）

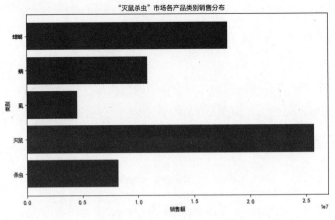

图 3-13 "灭鼠杀虫" 市场各产品类别销售分布图

2. 绘制饼图

设置画布，代码如下。

```
pl=plt.figure(figsize=(8,6))
```

将类别设置为标签，将份额占比设置为大小，代码如下。

```
labels = list(data2.index)
sizes = data2[" 份额占比 "].values.tolist()
```

绘制饼图，代码如下。

```
plt.pie(sizes,labels=labels,autopct='%.1f%%',shadow=False,startangle=180)
```

设置图标题，并绘制图形，代码如下。

```
plt.title(" 各产品类别的相对份额占比 ")
plt.axis('equal')
plt.show()
```

输出结果（见图 3-14）

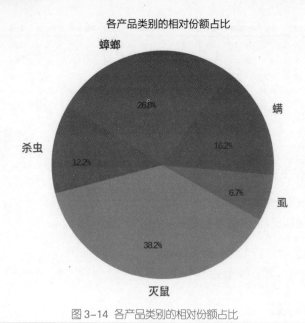

各产品类别的相对份额占比

图 3-14 各产品类别的相对份额占比

3.3.3 识别潜力细分市场

本节以灭鼠类产品市场为例，可以切分为多个细分市场，如根据价格区间切割。

1. 准备数据

根据业务理解删除无关字段，代码如下。

```
d2.drop(['时间','页码','排名','链接','主图链接','主图视频链接','宝贝标题','下架时间','旺旺'],axis=1,inplace=True)
```

遍历每一个字段，删除仅包含一种信息的字段，代码如下。

```
for i in d2.columns:
    if len(d2[i].value_counts())<=1:
        del d2[i]
```

将缺失值大于 90% 的字段删除，代码如下。

```
for i in d2.columns:
    if d2[i].isnull().sum()>d2.shape[0]*0.9:
        del d2[i]
d2.head()
```

输出结果（见图 3-15）

	商品ID	销量（人数）	售价	预估销售额	运费	评价人数	收藏人数	地域		店铺类型	适用对象	品牌	型号	净含量	物理形态
0	566054780243	9976	26.8	267356.8	0.0	11901.0	11596	广东	韶关	天猫	老鼠	优璇福	MT007	NaN	胶水
1	566054780243	9976	26.8	267356.8	0.0	NaN	11596	广东	深圳	天猫	老鼠	优璇福	MT007	NaN	胶水
2	572115448996	9945	9.9	98455.5	0.0	26442.0	3569	NaN		淘宝	老鼠	创驰	21/32	NaN	固体
3	39868408322	99	29.9	2960.1	0.0	20.0	352	河南	南阳	天猫	老鼠	云杀	粘鼠板	NaN	固体
4	520282897220	99	39.9	3950.1	0.0	559.0	1250	NaN		淘宝	老鼠	得硕	NaN	g	固体

图 3-15　删除无关字段

2. 根据价格区间细分市场

价格区间是市场的基础属性，在切割价格区间时需要设定步长，步长的大小要看价格区间的范围以及消费者对价格的敏感度。

观察数据集售价字段的范围在 0 ~ 498 元，代码如下。

```
d2.describe()
```

输出结果（见图 3-16）

	商品ID	销量（人数）	售价	预估销售额	运费	评价人数	收藏人数
count	1.523000e+03	1523.000000	1523.000000	1.504000e+03	1523.000000	1421.000000	1523.000000
mean	4.657358e+11	558.900854	49.018910	1.707847e+04	0.920886	891.865588	1202.402495
std	2.034076e+11	5657.138493	69.762057	1.172321e+05	2.801902	5722.909170	5864.130330
min	1.868822e+09	0.000000	0.010000	1.000000e-02	0.000000	0.000000	0.000000
25%	5.286903e+11	3.000000	15.800000	7.939500e+01	0.000000	5.000000	6.000000
50%	5.605955e+11	10.000000	27.700000	2.985000e+02	0.000000	26.000000	35.000000
75%	5.734868e+11	43.500000	52.600000	1.924125e+03	0.000000	132.000000	245.000000
max	5.823559e+11	143037.000000	498.000000	2.672898e+06	60.000000	120828.000000	97033.000000

图 3-16　价格区间细分市场 1

定出 7 个价格区间，前 6 个价格区间步长为 50 元，代码如下。

```
databins=[0,50,100,150,200,250,300,1000]
datalebels=['0-50','51-100','101-150','151- 200','201-250','251-300','300 以上 ']
d2[' 价格区间 ']=pd.cut(d2[' 售价 '],bins=databins,labels=datalebels,include_lowest=True)
```

接下来计算不同价格区间的销售额（本例中，销售额的计算使用数据表中的"预估销售额"字段）、销售额占比，销量、销量占比。

删除重复的商品 ID，代码如下。

```
d3=d2.iloc[list(d2. 商品 ID.drop_duplicates().index),:]
```

分组汇总，代码如下。

```
bins1=d3.groupby(' 价格区间 ').sum()
bins1[' 销售额占比 ']=round(bins1. 预估销售额 /bins1.apply(lambda x:x.sum())[3]*100,2)
bins1
```

输出结果（见图 3-17）

价格区间	预估销售额	销售额占比	销量（人数）	销量占比
0-50	12460167.80	59.96	660933	90.95
51-100	2369762.53	11.40	32763	4.51
101-150	2096910.29	10.09	15863	2.18
151-200	551853.00	2.66	3102	0.43
201-250	2740190.00	13.19	12540	1.73
251-300	237740.00	1.14	808	0.11
300以上	325470.00	1.57	677	0.09

图 3-17　价格区间细分市场 2

计算销量占比，代码如下。

```
bins1[' 销量占比 ']=round(bins1[' 销量（人数）']/bins1.apply(lambda x:x.sum())[1]*100,2)
```

提取 bins1 中的字段，代码如下。

```
bins2=bins1.loc[:,[' 预估销售额 ',' 销售额占比 ',' 销量（人数）',' 销量占比 ']]
```

计算不同价格区间内的商品数，代码如下。

```
bins3=d3.groupby(' 价格区间 '). 商品 ID.nunique()
bins2[' 商品数 ']=bins3
bins2[' 商品数占比 ']=round(bins2[' 商品数 ']/bins2.apply(lambda x:x.sum())[4]*100,2)
```

计算一件商品分配到的平均销售额，代码如下。

```
bins2[' 一件商品分配的销售额 ']=round(bins2. 预估销售额 /bins2. 商品数 ,2)
bins2.sort_values(by=' 一件商品分配的销售额 ',ascending=False)
bins2
```

输出结果（见图3-18）

价格区间	预估销售额	销售额占比	销量（人数）	销量占比	商品数	商品数占比	一件商品分配的销售额
201-250	2740190.00	13.19	12540	1.73	7	0.62	391455.71
101-150	2096910.29	10.09	15863	2.18	46	4.06	45585.01
251-300	237740.00	1.14	808	0.11	9	0.79	26415.56
151-200	551853.00	2.66	3102	0.43	28	2.47	19709.04
300以上	325470.00	1.57	677	0.09	18	1.59	18081.67
0-50	12460167.80	59.96	660933	90.95	854	75.31	14590.36
51-100	2369762.53	11.40	32763	4.51	172	15.17	13777.69

图 3-18 价格区间细分市场 3

0 ~ 50 元价格区间的销量相对占比最大，可以进一步分析这个区间，把步长设置为 10 元一个区间。要注意的是，并不是销量占比越大越好，0 ~ 50 元价格区间的销量占比大的同时，商品数占比也最大，平均一个商品分配到的销售额并不高，因此在选择价格区间时还需要综合考量。

3. 减少步长继续细分价格区间

提取 0 ~ 50 元价格区间的数据，代码如下。

```
mark_50=d3[d3. 售价 <50]
```

以 10 元作为步长创建子价格区间，代码如下。

```
databins=[0,10,20,30,40,50]
datalebels=['0-10','11-20','21-30','31-40','41-50']
mark_50[' 价格区间 ']=pd.cut(mark_50[' 售价 '],bins=databins,labels=datalebels,
include_lowest=True)
```

由于每一个子价格区间都需要剖析，此处将上述价格分析流程封装成函数，代码如下。

```
def price_mark(data):
```

计算得到子价格区间的销售额、销售额占比、销量、销量占比，代码如下。

```
bins1=data.groupby(' 价格区间 ').sum()
bins1[' 销售额占比 ']=round(bins1. 预估销售额 /bins1.apply(lambda x:x.sum())[3]*100,2)
bins1[' 销量占比 ']=round(bins1[' 销量（人数）']/bins1.apply(lambda x:x.sum())[1]*100,2)
bins2=bins1.loc[:,[' 预估销售额 ',' 销售额占比 ',' 销量（人数）',' 销量占比 ']]
```

通过计算得到商品数、商品数占比、一件商品分配的销售额。

使用 nunique() 方法得到分组非重复计数，代码如下。

```
bins3=data.groupby(' 价格区间 '). 商品 ID.nunique()  # 分组非重复计数（不同价格区间内的商品数）
bins2[' 商品数 ']=bins3
bins2[' 商品数占比 ']=round(bins2[' 商品数 ']/bins2.apply(lambda x:x.sum())[4]*100,2)
bins2[' 一件商品分配的销售额 ']=round(bins2. 预估销售额 /bins2. 商品数 ,2)
res=bins2.sort_values(by=' 一件商品分配的销售额 ',ascending=False)
return res
```

调用自定义的 price_mark() 函数，代码如下。

```
price_mark(mark_50)
```

输出结果（见图 3-19）

价格区间	预估销售额	销售额占比	销量（人数）	销量占比	商品数	商品数占比	一件商品分配的销售额
11-20	7587750.69	60.92	492406	74.51	272	32.00	27896.14
41-50	669864.29	5.38	15037	2.28	36	4.24	18607.34
21-30	3319904.20	26.66	118682	17.96	278	32.71	11942.10
31-40	747760.71	6.00	19629	2.97	98	11.53	7630.21
0-10	129587.91	1.04	15073	2.28	166	19.53	780.65

图 3-19 价格区间细分市场 4

11 ~ 20 元子价格区间在 0 ~ 50 元价格区间中是最优选择，销售额占比、销量占比都是最大的，一件商品分配的销售额也是最大，商品数占比 32%，排名第二，相比 21 ~ 30 元子价格区间的数据已经非常优秀了。

同理可以深度剖析 101 ~ 150 元价格区间，代码如下。

```
mark2=d3[(d3. 售价 >100)&(d3. 售价 <150)]
databins=[100,110,120,130,140,150]
dataleb els=['100-110','111-120','121-130','131-140', '141-150']
mark2[' 价格区间 ']=pd.cut(mark2[' 售价 '],bins=databins,labels=datalebels,
include_lowest=True)
price_mark(mark2)
```

输出结果（见图 3-20）

价格区间	预估销售额	销售额占比	销量（人数）	销量占比	商品数	商品数占比	一件商品分配的销售额
131-140	1406924.04	67.10	10166	64.09	13	28.26	108224.93
121-130	333625.00	15.91	2605	16.42	10	21.74	33362.50
100-110	80405.43	3.83	743	4.68	4	8.70	20101.36
111-120	267403.82	12.75	2290	14.44	16	34.78	16712.74
141-150	8552.00	0.41	59	0.37	3	6.52	2850.67

图 3-20 价格区间细分市场 5

3.3.4 潜力细分市场需求分析

市场需求分析是指了解市场需要的产品类型、需要数量以及对产品发展的要求，包括产品的现状、规格、用途、产品在市场上的需求量、实际销售量，以及与同类产品规格、性能等方面的分析比较等。

通过分析不难发现，在 101 ～ 150 元区间中，131 ～ 140 元子价格区间竞争度低，是不错的切入价格段。于是，我们对该价格区间的商品需求进一步分析挖掘。

准备数据，代码如下。

```
mark_select=d2[(d2. 售价 >130)&(d2. 售价 <140)]
```

根据 "店铺类型" 分组汇总数据，代码如下。

```
mark_select.groupby(' 店铺类型 ').sum()
```

输出结果（见图 3-21）

店铺类型	商品ID	销量（人数）	售价	预估销售额	运费	评价人数	收藏人数
天猫	5669555121057	14126	1384.00	1957470.00	0.0	11111.0	30394
淘宝	4381804159572	162	1096.76	22327.04	0.0	282.0	1134

图 3-21 店铺类型分类汇总

根据适用对象分组汇总数据，代码如下。

```
mark_select.groupby(' 适用对象 ').sum()
```

输出结果（见图 3-22）

	商品ID	销量（人数）	售价	预估销售额	运费	评价人数	收藏人数
适用对象							
老鼠	10051359280629	14288	2480.76	1979797.04	0.0	11393.0	31528

图 3-22 适用对象分组汇总

根据品牌分组汇总数据，代码如下。

```
mark_select.groupby(' 品牌 ').sum()
```

输出结果（见图 3-23）

	商品ID	销量（人数）	售价	预估销售额	运费	评价人数	收藏人数
品牌							
Ecat/虎猫	1114195500806	72	276.00	9936.00	0.0	102.0	404
mesilon/美鑫龙	576694779775	4	138.00	552.00	0.0	1.0	9
双猫	1078239513668	62	276.00	8556.00	0.0	92.0	396
思乐智	557321024222	5119	138.00	706422.00	0.0	0.0	15073
朗途（居家日用）	581237209186	227	138.00	31326.00	0.0	84.0	269
科凌虫控	1078653100966	14	278.00	1946.00	0.0	1760.0	2904
见描述	570756139271	4	130.76	523.04	0.0	1.0	4
金范	1150871691422	8068	278.00	1121452.00	0.0	5112.0	8122
雪の吉	568422637614	7	138.00	966.00	0.0	3592.0	3054
顺迪	1156354677872	687	276.00	94806.00	0.0	562.0	963

图 3-23 品牌分组汇总

根据物理形态分组汇总数据，代码如下。

```
mark_select.groupby(' 物理形态 ').sum()
```

输出结果（见图 3-24）

	商品ID	销量（人数）	售价	预估销售额	运费	评价人数	收藏人数
物理形态							
固体	6167679082574	6124	1512.76	845097.04	0.0	6092.0	22672

图 3-24 物理形态分组汇总

根据型号分组汇总数据，代码如下。

```
mark_select.groupby(' 型号 ').sum()
```

输出结果（见图 3-26）

型号	商品ID	销量（人数）	售价	预估销售额	运费	评价人数	收藏人数
5520	570756139271	4	130.76	523.04	0.0	1.0	4
6波段驱鼠器	1078653100966	14	278.00	1946.00	0.0	1760.0	2904
JF-807	1150871691422	8068	278.00	1121452.00	0.0	5112.0	8122
LT-qs01	581237209186	227	138.00	31326.00	0.0	84.0	269
SK300 2018	557321024222	5119	138.00	706422.00	0.0	0.0	15073
che1	576694779775	4	138.00	552.00	0.0	1.0	9
xueji-9010	568422637614	7	138.00	966.00	0.0	3592.0	3054
菱01	580312445254	617	138.00	85146.00	0.0	316.0	611
虎猫A1	1114195500806	72	276.00	9936.00	0.0	102.0	404
车载驱鼠	576042232618	70	138.00	9660.00	0.0	246.0	352

图 3-25 型号分组汇总

3.3.5 消费者需求分析

用户表达需求的方式除了他们的购买行为，还包括评论等文本数据。文本数据中蕴含的信息的价值毋庸置疑。但是文本数据为非结构化数据，处理难度较大。

下面先来看一下文本分析的定义：指对文本的表示及其特征项的选取。文本分析是文本挖掘、信息检索的一个基本问题，它把从文本中抽取出的特征词进行量化来表示文本信息。文本的语义不可避免地会反映人的特定立场、观点、价值和利益。因此，由文本内容分析，可以推断文本提供者的需求和目的。

接下来就以某款热销商品的评论数据来进行文本分析，探索用户需求。

1. 准备数据，代码如下。

```
goods=pd.read_excel(" 商品评论数据 .xlsx")
```

2. 探索数据。

先观察数据，代码如下。

```
goods.head()
```

输出结果（见图 3-26 ）

	商品名称	链接	评论页码	评论	评论日期
0	德国拜耳拜灭士蟑螂药一窝端杀蟑胶饵灭蟑螂屋无毒克星家用全窝端	https://detail.tmall.com/item.htm?id=527604730327	0	刚收到，家里厨房突然出现小强了，看了这个评价挺多挺好，销量也大，赶紧定了三盒，一定要管用啊一…	2018-11-21 19:01:20
1	德国拜耳拜灭士蟑螂药一窝端杀蟑胶饵灭蟑螂屋无毒克星家用全窝端	https://detail.tmall.com/item.htm?id=527604730327	0	朋友推荐的说之前用的挺管用的。在放药的前几天就没怎么见蟑螂了，然后出去玩之前把家里角角落全…	2018-11-23 11:07:03
2	德国拜耳拜灭士蟑螂药一窝端杀蟑胶饵灭蟑螂屋无毒克星家用全窝端	https://detail.tmall.com/item.htm?id=527604730327	0	真心坑人啊！😂还没到24小时就凝固了！小强依然活跃😂😂	2018-11-24 00:28:17
3	德国拜耳拜灭士蟑螂药一窝端杀蟑胶饵灭蟑螂屋无毒克星家用全窝端	https://detail.tmall.com/item.htm?id=527604730327	0	盆友推荐的，说特别好用，效果杠杠的，看双十一做活动，就买啦，效果应该不错吧，不过身体都是家里…	2018-11-25 03:07:25
4	德国拜耳拜灭士蟑螂药一窝端杀蟑胶饵灭蟑螂屋无毒克星家用全窝端	https://detail.tmall.com/item.htm?id=527604730327	0	我是买到假货吗？那么贵的蟑螂药居然还有，还是蟑螂已经百毒不侵了？	2018-11-26 07:49:43

图 3-26 评论数据

查看评论中的重复数量，代码如下。

```
goods. 评论 .value_counts()
```

输出结果（见图 3-27 和图 3-28 ）

此用户没有填写评论
100
效果不错
5
还没用呢
3
还没用，期待效果
3
好
3
刚收到，家里厨房突然出现小强了，看了这个评价挺多挺好，销量也大，赶紧定了三盒，一定要管用啊一定要管用，一定要管用，准备看下后续效果会继续追加评价。不知道多久才能消灭干净，还在厨房，没法做饭了，都不愿意进去了。有点担心会挥发。看很多人在用也就试试吧。哎哎哎哎哎哎哎哎哎哎哎哎哎哎哎哎哎
3
朋友推荐的说之前用的挺管用的。在放药的前几天就没怎么见蟑螂了，然后出去玩之前把家里角角落落全都点涂上了，四天之后回来开门的时候内心相当忐忑啊??不过居然一只都没见…，也不知道是真的没有了，还是跟我错峰出行了....但愿是管用了，不然我真疯了！第二次购买了，超级好用，之前家里蟑螂都翻烂了，朋友推荐这个，买了两支送了一支，点上胶饵以后，

图 3-27 评价文本 1

1
不知道有没有用 淘宝几年才知道原来评论85个字才会有积分。所以从今天到以后，这段话走到哪里就会复制到哪里。首先要保证质量啊，东西不赖啊。不然就用别的话来评论。不知道这样子够不够85字。谢谢老板的认真检查。东西特别好，我不是刷评论的，我是觉得东西好我才买的，你会发现我每一家都是这么写的。因为复制一下就好了
1
应该好的，但双十一下手慢了
1
这么小的瓶子 还只有半管 哎 就看效果怎么样了！用完再评论！
1
昨天晚上用了，今天早上就看见了好几只的屍體，期望能全部端掉……
第三次买了。用了之后效果和之前一样，现在每天都陆续有收获的，发货快 老牌子 值得信赖。
1

图 3-28 评价文本 2

3. 文本数据的预处理

通过对文本数据的探索（见图 3-27 和图 3-28），我们发现商品的评论中存在着一些杂乱数据。

用户购买后未进行评论时，系统会默认生成"此用户没有填写评论"，而这样的信息无法表述出用户的需求，故予以删除，代码如下。

```
goods=goods[goods. 评论 !=' 此用户没有填写评论 !']# 删除不需要的 = 索引需要的
```

索引需要的数据后，索引并没有发生改变，故重置一下索引，代码如下。

```
goods.reset_index(inplace=True)
```

重置索引后，原有的索引会作为新的列添加到 DataFrame（数据框）中，故删除该列，代码如下。

```
del goods['index']
```

有些用户为了获取积分或者获取金钱奖励，而采取了一种复制手段。对于这种文本数据，我们通常使用机械词压缩的方式进行处理。

机械词去重函数如下。

```
def qc_string(s):
    filelist = s
    filelist2 = []
    for a_string in filelist:
        temp=a_string[::-1]# 将文本翻转
        char_list = list(a_string) # 把字符串转化列表自动按单个字符分词
# 通过对比原始文本与当前文本，记录要删除的索引，将重复文本删除
        list1 = []# 原始文本
        list1.append(char_list[0])
        list2 = ['']# 比较文本
        del1 = []# 记录要删除的索引
        i = 0
        while (i<len(char_list)):
            i = i+1
# 若 i 为最后一个位置时，list1 与 list2 文本相同，需要删除的文本索引为 range(i-m,i)，其中 m 为
list2 的总字符数
            if i == len(char_list):
                if list1 == list2:
                    m = len(list2)
                    for x in range(i-m,i):
                        del1.append(x)
            else:
#(1.1) 若词汇与 list1 第一个词汇相同，list2 为空，将词加入 list2 中
```

```
            if char_list[i] == list1[0] and list2==['']:
                list2[0]=char_list[i]
#(1.2) 若词汇与 list1 第一个词汇相同，list2 不为空，分两种情况
            elif char_list[i] == list1[0] and list2 != ['']:
#(1.2.1) 若 list1=list2，记录要删除的索引位置，并重置 list2，将新的词汇复制给 list2
                if list1 == list2:
                    m = len(list2)
                    for x in range(i-m,i):
                        del1.append(x)
                    list2 = ['']
                    list2[0]=char_list[i]
#(1.2.2) 若 list1 不等于 list2，令 list1=list2，并重置 list2，将新的词汇复制给 list2
                else:
                    list1 = list2
                    list2 = ['']
                    list2[0]=char_list[i]
#(2.1) 若词汇和 list1 第一个词汇不同，list2 为空，将词加入 list1
            elif char_list[i] != list1[0] and list2==['']:
                list1.append(char_list[i])
#(2.2) 若词汇和 list1 第一个词汇不同，list2 不为空，分两种情况
            elif char_list[i] != list1[0] and list2 !=['']:
#(2.2.1) 如果 list1 等于 list2，且 list2 的字符长度大于 2，则记录要删除的索引位置，并重置 list1、
list2
                if list1 == list2 and len(list2)>=2:
                    m = len(list2)
                    for x in range(i-m,i):
                        del1.append(x)
                    list1= ['']
                    list1[0]=char_list[i]
                    list2 = ['']
#(2.2.2) 如果 list1 不等于 list2，将新的词汇加入到 list2 中
                else:
                    list2.append(char_list[i])
    a = sorted(del1) # 将位置索引进行排序
    t = len(a)-1
    while(t>=0):
        del char_list[a[t]]
        t = t-1
    str1 = ''.join(char_list)
    str2 = str1.strip()
    str2=str2[::-1]
    filelist2.append(str2)
    return filelist2
```

函数效果测试如下。

```
                qc_string_forward([" 这件东西很好，这件东西很好，这件东西很好，"])
```

输出结果

Result ：
['这件东西很好，']

将 DataFrame 中的评论提取出来进行机械词压缩处理，代码如下。

```
list_goods=goods. 评论 .values.tolist()
res=qc_string(list_goods)
```

输出结果（见图 3-29）

['刚收到，家里厨房突然出现小强了，看了这个评价挺多挺好，销量也大，赶紧定了三盒，一定要管用啊一定要管用，一定要管用，准备看下后续效果会继续追加评价。不知道多久才能消灭干净，还在厨房，没法做饭了，都不愿意进去了。有点担心会挥发。看很多人在用也就试试吧。哎哎'，

图 3-29 评价文本 3

用户为了方便，会直接复制别人的评价，所以我们需要删除一模一样的评论，代码如下。

```
res1=[]
for i in res:
  if i not in res1:
    res1.append(i)
```

下面进行停留词以及其他无意义词汇（&hellip）的处理。

在进行停留词以及无意义词汇的处理时，需要先对文本数据进行分词。选用 Python 中的 Jieba 分词来对文本进行分词，代码如下。

```
import jieba
# 导入停留词，文件路径为相对路径
stopwords=pd.read_table("stopwords.txt",quoting=3,names=['stopword'])
# 将停留词转换成列表
stopwords_list=stopwords.values.tolist()
# 对评论文本进行分词，遍历每一个词，如果该词出现停留词列表中就跳过
text=''
for i in res1:
  seg=jieba.lcut(i)
  for word in seg:
    if word in stopwords_list:
      continue
    else:
      text=text+' '+word
```

4. 词频分析

导入绘图包 pyplot 和词云包 WordCloud，代码如下。

```
from wordcloud import WordCloud
import matplotlib.pyplot as plt
```

配置词云图的基本参数，代码如下。

```
my_cloud=WordCloud(
background_color='white',# 背景色为白色
font_path='C:/Windows/Fonts/simsun.ttc',# 词云图字体为宋体
width=1000,
height=500)
```

用分好的词进行词云图的生成，代码如下。

```
my_cloud.generate(text)
```

显示词云图，代码如下。

```
plt.rcParams['figure.figsize']=(10,6)# 图片宽 10inch，高 6inch
plt.imshow(my_cloud,interpolation='bilinear')# 为了提升图片清晰度，此处设置双线
性插值对图像进行优化处理 'bilinear'
plt.axis('off')# 隐藏坐标轴
plt.show()
```

输出结果（见图 3-30）

图 3-30 词云图

通过词频分析，我们发现用户最关注的是商品的效果、商品的性价比（价格、划算、买二送）。

注意：电商网站中的活动是"双十一"，而分词的结果为"双十"，遇到这种情况可以在分词前创建一个自定义的字典，使得分词更合理。

文本文件的编码方式必须为 utf-8，用系统自带的记事本工具中输入分词的字典即可，如图 3-31 所示。

```
mydict.txt - 记事本
文件(F) 编辑(E) 格式(O) 查看(V) 帮助(H)
双十一
```

图 3-31 自定义字典

加载自定义词典，代码如下。

```
# 文件路径为相对路径，加载自定义词典
jieba.load_userdict("mydict.txt")
```

重新运行分词和词云图绘制代码，双十一被正确地分词了。

输出结果（见图 3-32）

图 3-32 调整后的词云图

5. 提出文本主题

文本主题提取即提取主题关键词，而能够体现文本内容主题的关键词就称为主题关键词。

文本主题提取的方法主要有两个：① TF-IDF 模型；② LDA 主题模型。此处我们选用 TF-IDF 模型对文本进行主题的提取。

TF-IDF 模型的核心思想：如果某个词或短语在一篇文章中出现的 TF 频率高，并且在其他文章中很少出现，则认为此词或者短语具有很好的类别区分能力，适合用来分类。

实现方法：jieba 分词包中含有 analyse 模块，在进行关键词提取时可以使用 jieba.analyse.extract_tags(sentence, topK,withWeight=True)。其中，sentence 为待提取的文

本，topK 为返回几个 TF/IDF 权重最大的关键词，默认值为 20，代码如下。

```
import jieba.analyse
jieba.analyse.extract_tags(text,topK=10,withWeight=True)
```

输出结果

```
[(' 蟑螂 ', 0.3801837245147726),
 (' 效果 ', 0.22875015610319793),
 (' 双十一 ', 0.11187201198450741),
 (' 小强 ', 0.08329895849398232),
 (' 不错 ', 0.059919862154750446),
 (' 湿巾 ', 0.059820450852826876),
 (' 好评 ', 0.05764624632309591),
 (' 追评 ', 0.048167116271107355),
 (' 非常 ', 0.04747785078922927),
 (' 收到 ', 0.046880285664759554)]
```

4

Python与店铺数据化运营案例

数据化运营有许多环节需要技术的支撑，这是数据化运营的前提条件，许多业务人员没有技术背景，空有需求和想法，但却无法实现。一般的技术开发人员只懂代码，不懂业务语言，很难做出运营人员需要的东西，因此，业务人员如果能自行使用 Python 解决运营需求则是比较高效的方法。

4.1 案例：用 Python 做 SEO

4.1.1 案例背景及数据理解

1. 案例背景

SEO（Search Engine Optimization，搜索引擎优化）是利用搜索引擎的规则提高网站在有关搜索引擎内的自然排名。目的是让其在行业内占据领先地位，获得品牌收益。很大程度上是网站经营者的一种商业行为，将自己或自己公司的排名前移。

在做 SEO 的过程中会产生关键词效果数据，相关指标字段有访客数、成交金额、交易客户数，应用 Python 可以实现关键词的效果分析，为搜索优化提供数据支撑。

SEO 中有词根的概念，词根是最小的标题粒度，根据自己的标题确定词根，比如中文关键词"修身 连衣裙"，可以分为"修身"和"连衣裙"两个词根，最小粒度的概念就是不能再拆分，如中文词根"连衣裙"，不可以再分为"连衣""衣裙"，在消费者搜索行为中不具备意义，因此"连衣裙"就是最小词根。

- 业务需求：运营人员想确定可删除替换的词根，删除表现差的词根不会对整体数据带来太大的影响。如果运营人员把表现好的词根删掉了，对整体数据的影响就会非常大。
- 分析目的：找出数据反馈差的词根。
- 案例标题：儿童汉服女童中国风 12 岁夏季薄款超仙春秋齐胸襦长袖裙唐装复古装。
- 标题拆解为词根：儿童，汉服，女童，中国风，12，岁，夏季，薄款，超仙，春秋，齐胸，襦，长袖，裙，唐装，复古装。

2. 数据说明

本节数据来源于淘宝生意参谋后台商品流量来源的手淘关键词，下载 7 日的单品手淘关键词，把下载的 7 张表格合并成 1 张表格，表格的格式是 XLSX。

本节任务是分析标题词根在 7 日内的访客数、转化率、加购率和收藏率。

- 访客数：在所选的终端（无线）上，通过搜索某个关键词后，点击店铺或者店铺中的商品链接，进入店内的访问人数，同一个人多次访问记为一人。
- 转化率：特指支付转化率，统计时间内的支付买家数 / 访客数，即来访客户转化为支付买家的比例。

- 加购率：统计时间内的加购人数 / 访客数，即来访客户加购商品的人数比例。
- 收藏率：统计时间内的收藏人数 / 访客数，即来访客户收藏商品的人数比例。

3. 案例实现思路

（1）设置词根列表。

（2）用 for 循环判断关键词中是否包含某个词根。

（3）统计词根的数据。

（4）绘制柱状图。

4.1.2 关键词词根分词与统计

加载 Pandas 和 matplotlib 库，代码如下。

```
import pandas as pd
import matplotlib.pyplot as plt
```

设置词根，代码如下。

```
word = [' 儿童 ',' 汉服 ',' 女童 ',' 中国风 ',' 12',' 岁 ',' 夏季 ',' 薄款 ',' 超仙 ',' 春秋 ',' 齐胸 ',' 襦 ',' 长袖 ',' 裙 ',' 唐装 ',' 复古装 ']
```

读取数据，代码如下。

```
# 文件路径为相对路径
stss = pd.read_excel(' 无线商品三级流量来源详情 .xls')
```

读取需要的数据字段，其中来源名称就是关键词，代码如下。

```
data = stss[[' 来源名称 ',' 访客数 ',' 收藏人数 ',' 加购人数 ',' 支付买家数 ']]
```

观察数据，代码如下。

```
print(data .head())
```

输出结果

来源名称	访客数	收藏人数	加购人数	支付买家数
0 汉服女童	17	1	0	0
1 古装裙子 女 儿童	10	1	1	1
2 水袖汉服儿童	8	2	1	0
3 12 岁女孩古装	8	1	1	1
4 长袖汉服女童	5	0	1	1

创建一个表格，代码如下。

```
wordData = pd.DataFrame(columns = [' 词根 ',' 访客数 ',' 收藏人数 ',' 加购人数 ',' 支付买家数 '])
```

使用 for 循环判断关键词中是否包含词根，代码如下。

```
for str in word:
    data2 = data[data. 来源名称 .str.contains(str)]
    data3 = data2[[' 访客数 ',' 收藏人数 ',' 加购人数 ',' 支付买家数 ']]
    data3[' 词根 '] = str
    wordData = wordData.append(data3,ignore_index=True)
```

根据词根分组汇总访客数、收藏人数、加购人数和支付买家数，代码如下。

```
wordData2 = wordData.groupby(' 词根 ').sum()
```

计算转化率，转化率＝支付买家数 ÷ 访客数，代码如下。

```
wordData2[' 转化率 '] = wordData2[' 支付买家数 ']/wordData2[' 访客数 ']
```

计算加购率，加购率＝加购人数 ÷ 访客数，代码如下。

```
wordData2[' 加购率 '] = wordData2[' 加购人数 ']/wordData2[' 访客数 ']
```

计算收藏率，收藏率＝收藏人数 ÷ 访客数，代码如下。

```
wordData2[' 收藏率 '] = wordData2[' 收藏人数 ']/wordData2[' 访客数 ']
```

4.1.3 可视化图形

由于本例有多个指标，所以不选用词云图，我们使用常见的柱状图。

设置字体可正常显示中文标签，代码如下。

```
plt.rcParams['font.sans-serif']='simhei'
```

正常显示负号，代码如下。

```
plt.rcParams['axes.unicode_minus']=False
```

将词根的名称设置为 x 轴，访客数、转化率、加购率、收藏率设置为 y 轴，代码如下。

```
x=wordData2.index.values.tolist()
y=wordData2[' 访客数 '].values.tolist()
y2=wordData2[' 转化率 '].values.tolist()
y3=wordData2[' 加购率 '].values.tolist()
y4=wordData2[' 收藏率 '].values.tolist()
```

下面绘制词根与访客数的柱状图，设置画布大小，代码如下。

```
plt.figure(figsize=(8,6))
```

绘制柱状图，代码如下。

```
plt.bar(x,y)
```

设置标题以及 *x* 轴标题、*y* 轴标题，代码如下。

```
plt.xlabel(' 词根 ')
plt.ylabel(' 访客数 ')
```

设置数字标签，代码如下。

```
for a,b in zip(x,y):
    plt.text(a,b+0.05,'%.0f'% b,ha='center',va='bottom',fontsize=8)
```

显示图形，代码如下。

```
plt.show()
```

继续绘制其他指标的图形，代码如下。

```
# 绘制词根与转化率的柱状图
# 设置画布大小
plt.figure(figsize=(8,6))
# 绘制柱状图
plt.bar(x,y2)
# 设置标题以及 x 轴标题、y 轴标题
plt.xlabel(' 词根 ')
plt.ylabel(' 转化率 ')
# 设置数字标签
for a,b in zip(x,y2):
    plt.text(a,b,'%.4f'% b,ha='center',va='bottom',fontsize=8)
plt.show()
# 绘制词根与加购率的柱状图
# 设置画布大小
plt.figure(figsize=(8,6))
# 绘制柱状图
plt.bar(x,y3)
# 设置标题以及 x 轴标题、y 轴标题
plt.xlabel(' 词根 ')
plt.ylabel(' 加购率 ')
# 设置数字标签
for a,b in zip(x,y3):
    plt.text(a,b,'%.4f'% b,ha='center',va='bottom',fontsize=8)
plt.show()
# 绘制词根与收藏率的柱状图
# 设置画布大小
plt.figure(figsize=(8,6))
# 绘制柱状图
plt.bar(x,y4)
# 设置标题以及 x 轴标题、y 轴标题
plt.xlabel(' 词根 ')
plt.ylabel(' 收藏率 ')
```

```
# 设置数字标签
for a,b in zip(x,y4):
    plt.text(a,b,'%.4f'% b,ha='center',va='bottom',fontsize=8)
plt.show()
```

运用 Python 编写词根分析模型。

输出结果（见图 4-1~ 图 4-4）

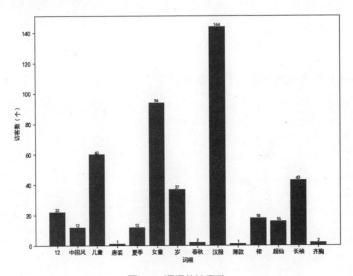

图 4-1 词根的访客数

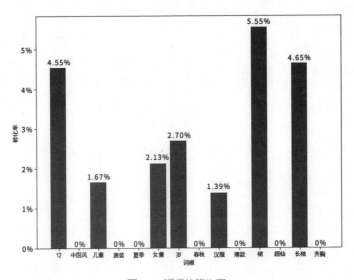

图 4-2 词根的转化率

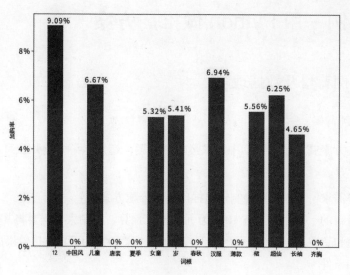

图 4-3 词根的加购率

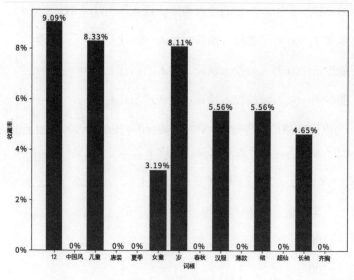

图 4-4 词根的收藏率

我们首先要看词根的访客数，这个是最主要的。如果有个别词根的流量特别低，就可以考虑把这个词根换掉。然后看词根的转化率，一些转化率特别低的词根，要看收藏和加购数，如果收藏和加购数也特别低，则可以考虑换一下。通过分析结果确认"薄款""唐装""春秋""齐胸"可以优先替换成其他词根，删除这些词根只会影响 6 个访客数，等于几乎没有影响，因此可以放心地替换这些词根。

4.2 案例：用 Python 做推广方案

4.2.1 案例背景及数据理解

1. 案例背景

做推广方案其实是运筹学中的求最优解问题，运用运筹学的知识可以制定出最佳的投放方案。

- 业务需求：营销人员要制定出推广预算分配方案。
- 分析目的：这个月共有 1000 万元的推广预算，营销人员需要将其分配给各个渠道和品类。如何确认分配比例，且可以使这 1000 万元的推广效果达到最大化。
- 已知条件：

该企业有 4 个主要渠道，分别是电商网站、某音、某度和线下。

电商网站不能少于 100 万元的投入预算，投入产出比（ROI）是 1.5。

某音不能多于 300 万元的投入预算，投入产出比是 2。

某度不能少于 200 万元的投入预算，投入产出比是 0.7。

线下不能少于 100 万元的投入预算，投入产出比是 0.1。

设 X_1 为电商网站的广告投入，X_2 为某音的广告投入，X_3 为某度的广告投入，X_4 为线下的广告投入，设 z 为总效益。有以下公式：

① $\max z = 1.5X_1 + 2X_2 + 0.7X_3 + 0.1X_4$

② $X_1 + X_2 + X_3 + X_4 = 1000$

③ $X_1 >= 100$

④ $X_2 <= 300$

⑤ $X_3 >= 200$

⑥ $X_4 >= 100$

其中，公式①表示每个渠道的广告投入乘投入产出比后相加就是总效益，但目标是求总效益的最大解。公式②表示每个渠道的投入预算总和为 1000（万元）。公式③表示电商网站的广告投入预算大于或等于 100（万元）。公式④表示某音的广告投入预算小于或等于 300（万元）。公式⑤表示某度的广告投入预算大于或等于 200（万元）。公式⑥表示线下的广告投入预算大于或等于 100（万元）。

商品共有 5 个主要品类，分别为服装、家电、百货、美妆和餐饮。

服装类不能少于 100 万元的投入，ROI 是 1.2。

家电类不能多于 300 万元的投入，ROI 是 2。

百货类不能少于 100 万元的投入，ROI 是 1.4。

美妆类不能多于 350 万元的投入，ROI 是 1.5。

餐饮类不能少于 50 万元的投入，ROI 是 0.8。

设 Y_1 为服装的广告投入，Y_2 为家电的广告投入，Y_3 为百货的广告投入，Y_4 为美妆的广告投入，Y_5 为餐饮的广告投入，设 z 为总效益。有以下公式：

⑦ max z = 1.2Y_1 + 2Y_2 + 1.4Y_3 + 1.5Y_4 + 0.8Y_5

⑧ Y_1 + Y_2 + Y_3 + Y_4 + Y_5 = 1000

⑨ Y_1 >= 100

⑩ Y_2 <= 300

⑪ Y_3 >= 100

⑫ Y_4 <= 350

⑬ Y_5 >= 50

其中，公式⑦表示每个品类的广告投入乘投入产出比后相加就是总效益，但目标是求总效益的最大解。公式⑧表示每个品类的投入预算总和为 1000（万元）。公式⑨表示服装类商品的广告投入预算大于或等于 100（万元）。公式⑩表示家电类商品的广告投入预算小于或等于 300（万元）。公式 ⑪ 表示百货类商品的广告投入预算大于或等于 100（万元）。公式 ⑫ 表示美妆类商品的广告投入预算小于或等于 350（万元）。公式 ⑬ 表示餐饮类商品的广告投入预算大于或等于 50（万元）。

想要把 1000 万元的推广预算合理地分配到各个渠道和品类，就要明确到某个品类要在某个渠道中投放多少预算。

设 a1 为服装类在电商网站的广告投入，a2 为服装类在某音的广告投入，a3 为服装类在某度的广告投入，a4 为服装类在线下的广告投入；

设 b1 为家电类在电商网站的广告投入，b2 为家电类在某音的广告投入，b3 为家电类在某度的广告投入，b4 为家电类在线下的广告投入；

设 c1 为百货类在电商网站的广告投入，c2 为百货类在某音的广告投入，c3 为百货类在某度的广告投入，c4 为百货类在线下的广告投入；

设 d1 为美妆类在电商网站的广告投入，d2 为美妆类在某音的广告投入，d3 为美妆类在某度的广告投入，d4 为美妆类在线下的广告投入；

设 e1 为餐饮类在电商网站的广告投入，e2 为餐饮类在某音的广告投入，e3 为餐饮类在某度的广告投入，e4 为餐饮类在线下的广告投入；

设 z 为总效益。

有以下公式：

① Max z = 1.8a1 + 2a2 + 0.84a3 + 0.12a4
    + 3b1 + 4b2 + 1.4b3 + 0.2b4
    + 2.1c1 + 2.8c2 + 0.98c3 + 0.14c4
    + 2.25d1 + 3d2 + 1.05d3 + 0.15d4
    + 1.2e1 + 1.6e2 + 0.56e3 + 0.08e4
② a1 + a2 + a3 + a4 = 100
③ b1 + b2 + b3 + b4 = 300
④ c1 + c2 + c3 + c4 = 200
⑤ d1 + d2 + d3 + d4 = 350
⑥ e1 + e2 + e3 + e4 = 50
⑦ a1 + b1 + c1 + d1 + e1 = 400
⑧ a2 + b2 + c2 + d2 + e2 = 300
⑨ a3 + b3 + c3 + d3 + e3 = 200
⑩ a4 + b4 + c4 + d4 + e4 = 100

2. 数据说明

ROI（投入产出比）是以产出为分子、投入为分母计算出来的指标。

3. 案例实现思路

①梳理任务条件，转变成数学表达式。

②分别计算渠道和品类投放预算的最优解。

③计算各个品类在不同渠道投放预算的最优解。

4.2.2 计算渠道投放预算的最优解

本例使用了 SciPy 库中的 linprog() 函数，语法如下：

scipy.optimize.linprog(c, A_ub=None, b_ub=None, A_eq=None, b_eq=None, bounds=None, method='simplex', callback=None, options=None)

linprog() 函数用于求最小值，现在要求解 max（最大值），只需对目标函数取负，求解的最终值是取负后的目标函数的最小值，取负即为最大值。如果原方程中存在负数的系数，那么取负后是负负得正，代码如下。

```python
# 加载 linprog() 函数，可以用于求最优解
from scipy.optimize import linprog
"""
渠道投入分布公式
① max·z = 1.5X_1 + 2X_2 + 0.7X_3 + 0.1X_4
② X_1 + X_2 + X_3 + X_4 = 1000
③ X_1 >= 100
④ X_2 <= 300
⑤ X_3 >= 200
⑥ X_4 >= 100
"""
# 设置公式①的系数，注意求解最大值时系数前要加负号
c1 = [-1.5,-2,-0.7,-0.1]
# 设置公式②的系数
A_eq1 = [[1,1,1,1]]
# 设置公式②的条件
b_eq1 = [1000]
# 设置公式③的条件
x1 = (100,1000)
# 设置公式④的条件
x2 = (0,300)
# 设置公式⑤的条件
x3 = (200,1000)
# 设置公式⑥的条件
x4 = (100,1000)
# 使用 linprog() 函数求最优解
res1 = linprog(c1,A_eq=A_eq1,b_eq=b_eq1,bounds=(x1,x2,x3,x4))
# 获取最优解中全部的值
x = res1.get('x')
# 渠道投产最大值
fun1 = abs(round(res1.get('fun')))
# 电商网站投入份额
x_1 = round(x[0])
# 某音投入份额
x_2 = round(x[1])
# 某度投入份额
x_3 = round(x[2])
# 线下投入份额
```

```
x_4 = round(x[3])

print(' 品类投产最大值 :',fun1)
print(' 电商网站投入份额 :',x_1)
print(' 某音投入份额 :',x_2)
print(' 某度投入份额 :',x_3)
print(' 线下投入份额 :',x_4)
```

输出结果

```
品类投产最大值 : 1350.0
电商网站投入份额 : 400.0
某音投入份额 : 300.0
某度投入份额 : 200.0
线下投入份额 : 100.0
```

4.2.3 计算品类投放预算的最优解

```
"""
品类投入分布
① max z = 1.2Y_1 + 2Y_2 + 1.4Y_3 + 1.5Y_4 + 0.8Y_5
② Y_1 + Y_2 + Y_3 + Y_4 + Y_5 = 1000
③ Y_1 >= 100
④ Y_2 <= 300
⑥ Y_3 >= 100
齐 Y_4 <= 350
⑧ Y_5 >= 50
"""
# 设置公式①的系数，注意求解最大值时系数前要加负号
c2 = [-1.2,-2,-1.4,-1.5,-0.8]
# 设置公式②的系数
A_eq2 = [[1,1,1,1,1]]
# 设置公式③的条件
b_eq2 = [1000]
# 设置公式④的条件
y1 = (100,1000)
# 设置公式⑤的条件
y2 = (0,300)
# 设置公式⑥的条件
y3 = (100,1000)
# 设置公式⑦的条件
y4 = (0,350)
# 设置公式⑧的条件
y5 = (50,1000)
# 使用 linprog() 函数求最优解
res2 = linprog(c2,A_eq=A_eq2,b_eq=b_eq2,bounds=(y1,y2,y3,y4,y5))
```

```python
# 获取最优解中全部的值
y = res2.get('x')
# 品类投产最大值
fun2 = abs(round(res2.get('fun')))
# 服装类投入份额
y_1 = round(y[0])
# 家电类投入份额
y_2 = round(y[1])
# 百货类投入份额
y_3 = round(y[2])
# 美妆类投入份额
y_4 = round(y[3])
# 餐饮类投入份额
y_5 = round(y[4])

print(' 品类投产最大值 :',fun2)
print(' 服装类投入份额 :',y_1)
print(' 家电类投入份额 :',y_2)
print(' 百货类投入份额 :',y_3)
print(' 美妆类投入份额 :',y_4)
print(' 餐饮类投入份额 :',y_5)
```

输出结果

品类投产最大值 : 1565.0
服装类投入份额 : 100.0
家电类投入份额 : 300.0
百货类投入份额 : 200.0
美妆类投入份额 : 350.0
餐饮类投入份额 : 50.0

4.2.4 计算各个品类在不同渠道的最优解

```python
# 定义获取最小值的函数
def least(num1,num2):
    lea = 0
    if num1 <= num2 :
        lea = num1
    else:
        lea = num2
    return lea

"""
合并渠道和品类的投入份额
获取每个品类在各个渠道投入的份额
① Max z = 1.8a1 + 2a2 + 0.84a3 + 0.12a4
```

```
        + 3b1 + 4b2 + 1.4b3 + 0.2b4
        + 2.1c1 + 2.8c2 + 0.98c3 + 0.14c4
        + 2.25d1 + 3d2 + 1.05d3 + 0.15d4
        + 1.2e1 + 1.6e2 + 0.56e3 + 0.08e4
② a1 + a2 + a3 + a4 = 100
③ b1 + b2 + b3 + b4 = 300
④ c1 + c2 + c3 + c4 = 200
⑤ d1 + d2 + d3 + d4 = 350
⑥ e1 + e2 + e3 + e4 = 50
⑦ a1 + b1 + c1 + d1 + e1 = 400
⑧ a2 + b2 + c2 + d2 + e2 = 300
⑨ a3 + b3 + c3 + d3 + e3 = 200
⑩ a4 + b4 + c4 + d4 + e4 = 100
"""
# 设置公式①的系数，注意求解最大值时系数前要加负号
c= = [-1.8,-2,-0.84,-0.12,-3,-4,-1.4,-0.2,-2.1,-2.8,-0.98,-0.14,-2.25,-3,-1.05,-0.15,-1.2,-1.6,-0.56,-
0.08]
# 设置公式② ~ 公式⑩的系数
A = [
    [1,1,1,1,0,0,0,0,0,0,0,0,0,0,0,0,0,0,0,0],
    [0,0,0,0,1,1,1,1,0,0,0,0,0,0,0,0,0,0,0,0],
    [0,0,0,0,0,0,0,0,1,1,1,1,0,0,0,0,0,0,0,0],
    [0,0,0,0,0,0,0,0,0,0,0,0,1,1,1,1,0,0,0,0],
    [0,0,0,0,0,0,0,0,0,0,0,0,0,0,0,0,1,1,1,1],
    [1,0,0,0,1,0,0,0,1,0,0,0,1,0,0,0,1,0,0,0],
    [0,1,0,0,0,1,0,0,0,1,0,0,0,1,0,0,0,1,0,0],
    [0,0,1,0,0,0,1,0,0,0,1,0,0,0,1,0,0,0,1,0],
    [0,0,0,1,0,0,0,1,0,0,0,1,0,0,0,1,0,0,0,1]
    ]
# 设置条件，以前两个模型求解的结果为条件
b = [y_1,y_2,y_3,y_4,y_5,x_1,x_2,x_3,x_4]
# 设置每个系数的条件，条件为前两个模型求解结果中最小的结果为最大值
a1 = (0,least(x_1,y_1))
a2 = (0,least(x_2,y_1))
a3 = (0,least(x_3,y_1))
a4 = (0,least(x_4,y_1))
b1 = (0,least(x_1,y_2))
b2 = (0,least(x_2,y_2))
b3 = (0,least(x_3,y_2))
b4 = (0,least(x_4,y_2))
c1 = (0,least(x_1,y_3))
c2 = (0,least(x_2,y_3))
c3 = (0,least(x_3,y_3))
c4 = (0,least(x_4,y_3))
d1 = (0,least(x_1,y_4))
d2 = (0,least(x_2,y_4))
```

```
d3 = (0,least(x_3,y_4))
d4 = (0,least(x_4,y_4))
e1 = (0,least(x_1,y_5))
e2 = (0,least(x_2,y_5))
e3 = (0,least(x_3,y_5))
e4 = (0,least(x_4,y_5))
# 使用 linprog() 函数求最优解
res = linprog(c, A_eq=A, b_eq=b, bounds=(a1,a2,a3,a4,b1,b2,b3,b4,c1,c2,c3,c4,d1,d2,d3,d4,e1,e2,e3
,e4))
# 获取最优解中全部的值
z = res.get('x')
# 各品类在各个渠道投入的份额的投产最大值
fun = abs(round(res.get('fun')))
# 服装类电商网站投入份额
a_1 = round(z[0])
# 服装类某音投入份额
a_2 = round(z[1])
# 服装类某度投入份额
a_3 = round(z[2])
# 服装类线下投入份额
a_4 = round(z[3])
# 家电类电商网站投入份额
b_1 = round(z[4])
# 家电类某音投入份额
b_2 = round(z[5])
# 家电类某度投入份额
b_3 = round(z[6])
# 家电类线下投入份额
b_4 = round(z[7])
# 百货类电商网站投入份额
c_1 = round(z[8])
# 百货类某音投入份额
c_2 = round(z[9])
# 百货类某度投入份额
c_3 = round(z[10])
# 百货类线下投入份额
c_4 = round(z[11])
# 美妆类电商网站投入份额
d_1 = round(z[12])
# 美妆类某音投入份额
d_2 = round(z[13])
# 美妆类某度投入份额
d_3 = round(z[14])
# 美妆类线下投入份额
d_4 = round(z[15])
# 餐饮类电商网站投入份额
```

```
e_1 = round(z[16])
# 餐饮某音投入份额
e_2 = round(z[17])
# 餐饮类某度投入份额
e_3 = round(z[18])
# 餐饮类线下投入份额
e_4 = round(z[19])

print(' 每个品类在各个渠道投入的份额的投产最大值为 :',fun)
print(' 服装类投入份额渠道分布 ')
print(' 电商网站投入份额 :',a_1,' 某音投入份额 :',a_2,' 某度投入份额 :',a_3,' 线下投入份额 :',a_4)
print(' 家电类投入份额渠道分布 ')
print(' 电商网站投入份额 :',b_1,' 某音投入份额 :',b_2,' 某度投入份额 :',b_3,' 线下投入份额 :',b_4)
print(' 百货类投入份额渠道分布 ')
print(' 电商网站投入份额 :',c_1,' 某音投入份额 :',c_2,' 某度投入份额 :',c_3,' 线下投入份额 :',c_4)
print(' 美妆类投入份额渠道分布 ')
print(' 电商网站投入份额 :',d_1,' 某音投入份额 :',d_2,' 某度投入份额 :',d_3,' 线下投入份额 :',d_4)
print(' 餐饮类投入份额渠道分布 ')
print(' 电商网站投入份额 :',e_1,' 某音投入份额 :',e_2,' 某度投入份额 :',e_3,' 线下投入份额 :',e_4)
```

输出结果

每个品类在各个渠道投入的份额的投产最大值为 : 2291.0
服装类投入份额渠道分布
电商网站投入份额 : 0.0 某音投入份额 : 0.0 某度投入份额 : 50.0 线下投入份额 : 50.0

家电类投入份额渠道分布
电商网站投入份额 : 0.0 某音投入份额 : 300.0 某度投入份额 : 0.0 线下投入份额 : 0.0

百货类投入份额渠道分布
电商网站投入份额 : 50.0 某音投入份额 : 0.0 某度投入份额 : 150.0 线下投入份额 : 0.0

美妆类投入份额渠道分布
电商网站投入份额 : 350.0 某音投入份额 : 0.0 某度投入份额 : 0.0 线下投入份额 : 0.0

餐饮类投入份额渠道分布
电商网站投入份额 : 0.0 某音投入份额 : 0.0 某度投入份额 : 0.0 线下投入份额 : 50.0

通过上面输出的结果，可以知道各个品类在不同渠道的投入最优解，在制定推广预算方案时可以参考。

4.3 案例：用 Python 分析竞品

4.3.1 案例背景及数据理解

1. 案例背景

了解竞争对手对运营人员十分重要，掌握了竞争对手的动态，就可以有针对性地制定出有效的营销方案，因此需要长期收集并跟踪竞争对手的数据，掌握竞争对手的动态。

业务需求：跟踪竞品的 SKU 价格，并对调价信息进行预警。

2. 数据说明

本节数据来源于某电商平台，字段如下。

- 日期：对应记录统计的日期。
- 商家昵称：商家的名称。
- 商品 ID：商品的唯一识别码。
- SKU ID：SKU 的唯一识别码，SKU 是指库存进出计量的单位，如某件服装商品有 3 个尺码，4 个颜色，则有 12 个 SKU。
- SKU 名称：SKU 的名称。
- SKU 价格：SKU 的价格。

3. 案例实现思路

（1）使用 request 库采集页面数据。

（2）通过 selector 路径定位数据。

4.3.2 采集数据

定位到标题后，可以在开发者模式中观察到路径，或者在对应数据上单击鼠标右键，复制 selector 路径，如图 4-5 所示。标题的路径为：#J_DetailMeta > div.tm-clear > div.tb-property > div > div.tb-detail-hd > h1。

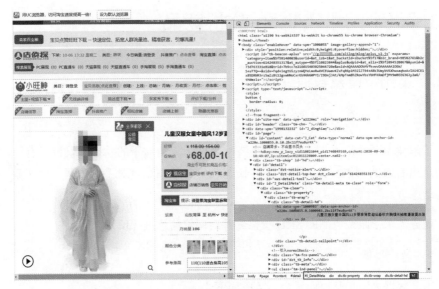

图 4-5　采集数据

（1）将数据保存为本地 Excel 文件（或者写入数据库）。

（2）读取历史数据，使用 for 循环对比历史数据，识别价格变动，并输出报警。

数据采集过程如下。

```python
import requests
import re
import datetime
import json
import pandas as pd
from lxml import etree
from urllib import parse

# 设置商品链接
url = 'https://detail.*****.com/item.htm?id=614248351317'
# 设置访问参数
headers = {
    'cookie':'ucn=center; thw=cn; x=e%3D1%26p%3D*%26s%3D0%26c%3D0%26f%3D0%26g%3D0%26t%
3D0; UM_distinctid=172bacef669d1d-0123a63c3604fc-7d7f582e-1fa400-172bacef66a4b1; t=9c78a
b28217e5c03ac9e9b7ac4a96b17; _samesite_flag_=true; cookie2=1a12abf3e634615b0ae8c9f6a1dcff
1a; _tb_token_=101363b3ae63; _utk=VocP@qJyn^AtWdm; _m_h5_tk=fafb157770efc6957271c0e289
cd9053_1594290551260; _m_h5_tk_enc=ed5462a45f4bfb75d4dce7b88da873d1;……',
    'user-agent':'Mozilla/5.0 (Windows NT 10.0; WOW64) AppleWebKit/537.36 (KHTML, like Gecko)
Chrome/65.0.3314.0 Safari/537.36 SE 2.X MetaSr 1.0',
    'referer':'https://detail.*****.com/item.htm?id=614248351317'
}
```

```python
# 获取 HTML 数据
response = requests.get(url,headers=headers)
html = response.text
selector = etree.HTML(html)
# 读取商品标题
title= = selector.xpath('//*[@id="J_DetailMeta"]/div[1]/div[1]/div/div[1]/h1/text()')
商品标题 = re.compile(u"[^\u4e00-\u9fa5]+").sub('', str(title[0]))
# 读取商家昵称
shop = selector.xpath('//*[@id="shopExtra"]/div[1]/a/strong/text()')
商家昵称 = shop[0]
# 获取商品 ID
params = parse.parse_qs(parse.urlparse(url).query)
商品 ID = params['id'][0]
# 获取当前日期
日期 = datetime.datetime.now().strftime('%Y-%m-%d')
# 获取 SKU 名称
listsku = {'id':' 名称 '}
allsku = selector.xpath('//*[@id="J_DetailMeta"]/div[1]/div[1]/div/div[4]/div/div/dl[1]/dd/ul/*')
for i in range(1,len(allsku)+1):
    path1 = '//*[@id="J_DetailMeta"]/div[1]/div[1]/div/div[4]/div/div/dl[1]/dd/ul/li['+ str(i) +']/@data-value'
    path2 = '//*[@id="J_DetailMeta"]/div[1]/div[1]/div/div[4]/div/div/dl[1]/dd/ul/li['+ str(i) +']/@title'
    id = selector.xpath(path1)
    skuname = selector.xpath(path2)
    listsku[str(id[0])] = str(skuname[0])
# 获取 SKU 价格
text = selector.xpath('//*[@id="J_DetailMeta"]/div[1]/script[3]/text()')
listmoney = {'skuid':' 价格 '}
for match in re.finditer('{"priceCent":(.*?),"price":"(.*?)","stock":(.*?),"skuId":"(.*?)"}',text[0]):
    moneyinfo = json.loads(match.group())
    skuid = moneyinfo['skuId']
    money = moneyinfo['price']
    listmoney[skuid] = money
# 获取 SKUID, 名称 , 价格 , 输入到 DataFrame 中
skuData = pd.DataFrame(columns = [' 日期 ',' 商家昵称 ',' 商品 ID','SKUID','SKU 名称 ','SKU 价格 '])
for match in re.finditer('{"names":"(.*?)","pvs":"(.*?)","skuId":"(.*?)"}',text[0]):
    skuinfo = json.loads(match.group())
    SKUID = skuinfo['skuId']
    SKU 名称 = ' 尺码 :'+ skuinfo['names'].split(' ')[1] + ' 颜色分类 :'+ listsku[skuinfo['pvs'][0:13]]
    SKU 价格 = listmoney[SKUID]
    # 写入到 DataFrame
    data = {' 日期 ': 日期 ,' 商家昵称 ': 商家昵称 ,' 商品 ID': 商品 ID,'SKUID':SKUID,'SKU 名称 ':SKU 名称 ,'SKU 价格 ':SKU 价格 }
    skuData = skuData.append(data,ignore_index=True)


# 写入到 Excel 文件
skuData.to_excel(' 单品价格 .xls')
```

4.3.3 竞品调价预警

基于采集的数据实现竞品调价预警，代码如下。

```python
import pandas as pd
import datetime

# 读取本地文件，文件路径为相对路径
skuAllData = pd.read_excel(' 单品 SKU 价格 .xlsx')
# 提取所需字段
sku = skuAllData[[' 日期 ',' 商家昵称 ',' 商品 ID','SKU ID','SKU 名称 ','SKU 价格 ']]
# 根据商品 ID 对数据进行分组，如果有某一天有重复的数据，取当天价格的最大值
df = sku.groupby(' 商品 ID').max()
# 使用 for 循环对比价格
for i in df[' 日期 ']:
# 取出当前日期的数据，放入 df2
    df2 = sku[sku[' 日期 '] == i]
# 取出当前日期前一天的数据，放入 df3
    df3 = sku[sku[' 日期 '] == (i - datetime.timedelta(days=1))]
    for id in df2['SKU ID']:
# 从 df2 中取出当前 SKU ID，放入 df22
        df22 = df2[df2['SKU ID'] == id]
# 从 df3 中取出当前 SKU ID，放入 df33
        df33 = df3[df3['SKU ID'] == id]
# 分别读取两天的价格
        money1 = int(df22.get('SKU 价格 '))
        money2 = int(df33.get('SKU 价格 '))
# 计算价格的变化幅度
        bl = (money1-money2)/money2
# 设置提醒条件为增长或下降 10%
        if bl >= 0.1 or bl <= -0.1:
            print(' 当前 SKU 价格较昨天波动大于 10%')
            for i in df22.iterrows():
                print(i[1])
            print('================================================')
            print('================================================')
```

输出之后可以对价格波动满足报警提示条件的数据进行展示。

输出结果

```
当前 SKU 价格较昨天波动大于 10%
日期                2020-07-01 00:00:00
商家昵称                        语购旗舰店
商品 ID              605481042124
SKU ID             4410986858759
SKU 名称     尺码 :S; 颜色分类 :沧海赋 齐腰款 上衣 +3 米襦裙 （送里衣）
```

```
SKU 价格                         200
Name: 0, dtype: object
==================================================
==================================================
当前 SKU 价格较昨天波动大于 10%
日期            2020-07-01 00:00:00
商家昵称                  语购旗舰店
商品 ID           605481042124
SKU ID         4480000687802
SKU 名称      尺码 :M; 颜色分类 : 彼岸花浅绿 上衣 + 吊带 + 襦裙
SKU 价格                  115
Name: 23, dtype: object
==================================================
==================================================
```

　　本例中，如果在数据库中可以直接取最大的日期，即最新的数据，那么 SQL 用最新的数据减去前一天的数据即可。

5

Python与数字营销案例

数字营销是指借助互联网、通信技术和数字交互式媒体来实现营销目标的一种营销方式。数字营销将尽可能地利用先进的网络技术，以最有效、最经济的方式开拓新的市场和挖掘新的消费者。

数字营销基于明确的数据库对象，通过数字化多媒体渠道，比如电话、短信、邮件、电子传真、网络平台等数字化媒体通道，实现营销精准化，营销效果可量化、数据化。

5.1 案例：基于关联规则的产品推荐

正确地推荐产品可以提高企业的销售额，关联规则是物与物之间的关系，通过产品之间的连带关系寻找产品之间的规则。

5.1.1 算法原理及案例背景

1. 算法原理

有一个流行于市场营销领域的故事——尿布与啤酒，相信许多数据分析从业者都听过。

在一家超市里，有一个有趣的现象：尿布和啤酒赫然摆在一起出售。但是这个奇怪的举措却使尿布和啤酒的销量双双增加了。这不是一个笑话，而是发生在美国沃尔玛连锁超市的真实案例，并一直被商家所津津乐道。沃尔玛拥有世界上最大的数据仓库系统，为了能够准确了解顾客在其门店的购买习惯，沃尔玛对其顾客的购物行为进行购物篮分析，想知道顾客经常一起购买的商品有哪些。沃尔玛数据仓库里集中了其各门店的详细原始交易数据。在这些原始交易数据的基础上，沃尔玛利用数据挖掘方法对这些数据进行分析和挖掘。一个意外的发现是："跟尿布一起购买最多的商品竟是啤酒！经过大量实际调查和分析，揭示了一个隐藏在"尿布与啤酒"背后的美国人的一种行为模式：在美国，一些年轻的父亲下班后经常要到超市去买婴儿尿布，而他们中有30% ~ 40%的人同时也为自己买一些啤酒。产生这一现象的原因是：美国的太太们常叮嘱她们的丈夫下班后为小孩买尿布，而丈夫们在买尿布后又随手带回了他们喜欢的啤酒。

关联规则最初提出的动机是针对购物篮分析（Market Basket Analysis）问题提出的。假设商店经理想更多地了解顾客的购物习惯。特别是，想知道顾客可能会在一次购物时同时购买哪些商品？为回答该问题，可以对商店顾客的商品零售数量进行购物篮分析。该过程通过发现顾客放入"购物篮"中的不同商品之间的关联，分析顾客的购物习惯。这种关联的发现可以帮助零售商了解哪些商品频繁地被顾客同时购买，从而帮助他们开发更好的营销策略。

1993年，Agrawal等人首先提出关联规则概念，同时给出了相应的挖掘算法AIS，但是性能较差。1994年，他们建立了项目集格空间理论，并提出了著名的Apriori算法，至今Apriori仍然作为关联规则挖掘的经典算法被广泛关注，以后诸多的研究人员对关联规则的挖掘问题进行了大量的研究。

2. 算法定义

假设

$$I = \{I_1, I_2, ..., I_m\}$$

是项目的集合（称项集）。给定一个交易数据库 D，其中每个事务（Transaction）t 是 I 的非空子集，即，每一个交易都与一个唯一的标识符 TID（Transaction ID）对应。关联规则在 D 中的支持度（Support）是 D 中事务同时包含 X、Y 的百分比，即概率；置信度（Confidence）是 D 中事务已经包含 X 的情况下，包含 Y 的百分比，即条件概率。如果满足最小支持度阈值和最小置信度阈值，则认为关联规则是有效的。这些阈值是根据挖掘需要人为设定的。

用一个简单的例子说明。表 5-1 是顾客购买记录的数据库 D，包含 6 个事务。项集 $I=\{$网球拍，网球，运动鞋，羽毛球$\}$。考虑关联规则（频繁二项集）：网球拍与网球，事务 1,2,3,4,6 包含网球拍，事务 1,2,6 同时包含网球拍和网球，$X^{\wedge}Y=3$，$D=6$，支持度 $(X^{\wedge}Y)/D=0.5$；$X=5$，置信度 $(X^{\wedge}Y)/X=0.6$。若给定最小支持度 $\alpha = 0.5$，最小置信度 $\beta = 0.6$，认为购买网球拍和购买网球之间存在关联。

表 5-1　顾客购买数据

TID	网球拍	网　球	运动鞋	羽毛球
1	1	1	1	0
2	1	1	0	0
3	1	0	0	0
4	1	0	1	0
5	0	1	1	1
6	1	1	0	0

3. 挖掘过程

关联规则的挖掘过程主要包含两个阶段：第一阶段必须先从资料集合中找出所有的高频项目组（Frequent Itemsets）；第二阶段由这些高频项目组中产生关联规则（Association Rules）。

在关联规则挖掘的第一阶段，必须从原始资料集合中找出所有高频项目组（Large Itemsets）。高频的意思是指某一项目组出现的频率，相对所有记录而言，必须达到某一水平。某一项目组出现的频率称为支持度（Support），以一个包含 *A* 与 *B* 两个项目的 2-itemset 为例，我们可以求得包含 {*A*,*B*} 项目组的支持度，若支持度大于或等于所设定的最小支持度（Minimum Support）门槛值，则 {*A*,*B*} 称为高频项目组。一个满足最小支持度的 k-itemset，则称为高频 *k*- 项目组（Frequent k-itemset），一般表示为 Large *k* 或 Frequent *k*。算法从 Large *k* 的项目组中再产生 Large *k*+1，直到无法再找到更长的高频项目组为止。

关联规则挖掘的第二阶段是要产生关联规则（Association Rules）。从高频项目组产生关联规则，是利用前一步骤的高频 *k*- 项目组来产生规则，在最小信赖度（Minimum Confidence）的条件阈值下，若一规则所求得的信赖度满足最小信赖度，则称此规则为关联规则。例如：经由高频 *k*- 项目组 {*A*,*B*} 所产生的规则 *AB*，若信赖度大于或等于最小信赖度，则称 *AB* 为关联规则。

4. Apriori 算法

Apriori 算法：使用候选项集找频繁项集。

Apriori 算法是一种最有影响的挖掘布尔关联规则频繁项集的算法，其核心是基于两个阶段频繁项集思想的递推算法。该关联规则在分类上属于单维、单层、布尔关联规则。在这里，所有支持度大于最小支持度的项集被称为频繁项集，简称频集。

该算法的基本思想：首先找出所有的频集，这些项集出现的频繁性至少和预定义的最小支持度一样。然后由频集产生强关联规则，这些规则必须满足最小支持度和最小置信度。再使用找到的频集产生期望的规则，产生只包含集合的项的所有规则，其中每一条规则的右部只有一项，这里采用的是中规则的定义。一旦这些规则被生成，那么只有那些大于用户给定的最小置信度的规则才能被留下来。Apriori 算法为了生成所有频集，使用了递推的方法。

Apriori 算法采用了逐层搜索的迭代方法，算法简单明了，没有复杂的理论推导，也易于实现。但其有一些难以克服的缺点：

（1）对数据库的扫描次数过多。

（2）Apriori 算法会产生大量的中间项集。

（3）采用唯一支持度。

（4）算法的适应面窄。

5. 案例背景

有一家做玩具批发的电商企业积累了许多消费者,企业的消费者主要是终端零售商,因此一个精准的推荐算法可以帮助这家企业获得可观的销售增长,推荐算法对于这家企业来讲是"投入产出比"较高的。虽然电商平台都有提供"猜你喜欢"等推荐流量渠道,但这属于公域流量,这家企业希望定制推荐算法模型,应用于企业的私域流量。

业务需求:运营人员要找到关联的商品,可用于搭建页面及会场。

6. 数据说明

order.csv 文件的字段结构如下。

订单编号	收货人姓名	商品总数量	是否代付
买家会员名	收货地址	店铺 ID	定金排名
买家支付宝账号	运送方式	店铺名称	修改后的 SKU
买家应付货款	联系电话	订单关闭原因	修改后的收货地址
买家应付邮费	联系手机	卖家服务费	异常信息
买家支付积分	订单创建时间	买家服务费	天猫卡券抵扣
总金额	订单付款时间	发票抬头	集分宝抵扣
返点积分	商品标题	是否手机订单	是否 O2O 交易
买家实际支付金额	商品种类	分阶段订单信息	退款金额
买家实际支付积分	物流单号	特权订金订单 ID	预约门店
订单状态	物流公司	是否上传合同照片	
买家留言	订单备注	是否上传小票	

7. 案例实现思路

(1)关联规则需要先创建商品项集,商品项集类似超市购物后得到的小票,每一条项集就是一张小票的商品列表。

(2)计算频繁项集。

(3)编写关联规则算法,挖掘关联规则。

5.1.2 创建商品项集

加载库,代码如下。

```
import pandas as pd
import numpy as np
```

读取 CSV 文件，代码如下。

```
orders = pd.read_csv("data/orders.csv")
```

由于部分列标题中存在空格，因此先使用 for 循环去掉空格，代码如下。

```
column=[]
for i in range(orders.shape[1]):
    column.append(orders.columns[i].strip())
orders.columns=column
orders[' 商品标题 ']=orders[' 商品标题 '].apply(lambda x:x.replace(' ',''))
dataSet=list(orders[' 宝贝标题 '].apply(lambda x: x.split(',  ')))
dataSet[1]
```

输出结果

[' 创意新款回力小车惯性坦克军事儿童玩具模型地摊货源玩具车批发 ',' 创意新款回力小车惯性坦克军事儿童玩具模型地摊货源玩具车批发 ']

遍历数据集中的每件商品，创建一项集，代码如下。

```
def createC1(dataSet):
    C1 = []
    # 遍历每条记录
    for transaction in dataSet:
        # 遍历每条记录中的商品
        for item in transaction:
            # 判断如果该商品没在列表中
            if not [item] in C1:
                # 将该商品加入列表中
                C1.append([item])
    # 对所有商品进行排序
    C1.sort() # 默认升序
    # 将列表元素映射到 frozenset（）中，返回列表
    #frozenset 数据类型，指的是被冰冻的集合
    # 集合一旦完全建立，就不能被修改
    # 用户不可修改
    return list(map(frozenset, C1))
C1 = createC1(dataSet)
C1[0:2]
```

输出结果

[frozenset({'0-1 岁婴幼儿摇铃 3-6 个月宝宝拼接动物手摇铃牙胶男女孩玩具袋装 '}),
 frozenset({'10 元以下儿童小玩具批发创意棒棒糖发光棒女孩闪光棒夜市地摊货源 '})]

5.1.3 建立函数挑选最小支持度项集

下面建立函数 scanD()，用于挑选满足最小支持度的项集，输入为：数据集 D，候选集 Ck，minSupport。候选集 Ck 是由上一层（第 k-1 层）的频繁项集 Lk-1 组合得到的，用最小支持度 minSupport 对候选集 Ck 过滤，代码如下。

函数输出：本层（第 k 层）的频繁项集 Lk，每项的支持度。例如，由频项 1- 项集（L1）内部组合生成候选集 C2。

```python
def scanD(D, Ck, minSupport):
    # 建立字典 {key, value}
    # 候选集 Ck 中每项集在所有商品记录中出现的次数
    #key- 候选集中的每项
    #value- 该商品在所有物品记录中出现的次数
    ssCnt = {} # 空字典用来计数
    # 对比候选集中的每项与原商品记录，统计出现的次数

    # 遍历每条商品记录
    for tid in D:
        # 遍历候选集 Ck 中的每一项，用于对比
        for can in Ck:
            # 如果候选集 Ck 中该项在商品记录中出现
            # 即当前项是当前商品记录的子集
            if can.issubset(tid):
                # 如果候选集 Ck 中第一次被统计到，次数记为 1
                if not can in ssCnt:ssCnt[can]=1

                # 否则次数在原有基础上加
                else:ssCnt[can]+=1
                    #ssCnt[can] = ssCnt.get(can, 0) + 1
    # 数据集中总的记录数，商品购买记录总数，用于计算支持度
    numItems = float(len(D))
    # 记录经最小支持度过滤后的频繁项集
    retList = []
    # 记录候选集中满足条件的项的支持度 {key,value}
    #key- 候选集中满足条件的项
    #value- 该项的支持度
    supportData = {}
    # 遍历候选集中的每项出现次数
    for key in ssCnt:
        # 计算每项的支持度
        support = ssCnt[key]/numItems
        # 用最小支持度过滤
        if support >= minSupport:
            # 保留满足条件的商品组合
```

```
        # 使用 retList.insert(0,key)
        # 在列表的首部插入新的组合
        # 只是为了让列表看起来有组织
        retList.insert(0,key)
    # 记录该项的支持度
    # 注意：候选集中所有想的支持度均被保持下来
    # 不仅仅是满足最小支持度的项
    supportData[key] = support
# 返回满足条件的商品项，以及每项的支持度
return retList, supportData
```

5.1.4 训练步骤项集函数

创建一个商品项集 D，代码如下。

```
D = list(map(set, dataSet))
D[0:2]
```

输出结果

[{' 儿童沙滩玩具水枪宝宝玩水玩具户外洗澡游泳漂流戏大号水枪批发 ',
  ' 发光玩具批发光纤手指灯闪光夜市热卖货源儿童玩具地摊义乌厂家 ',
  ' 大号泡泡棒沙滩小铲子工具泡泡枪公园吹泡泡户外亲子游戏玩具热卖 ',
  ' 特价 5 号 AA 普通干电池电动玩具配件厂家直销批 ',
  ' 特价正品 7 号电池儿童电动玩具电源配件厂家直销 1 元 4 节地摊货批发 '},
 {' 创意新款回力小车惯性坦克军事儿童玩具模型地摊货源玩具车批发 '}]

调用自定义的 scanD() 函数，代码如下。

```
L1, supportData = scanD(D, C1, minSupport=0.05)
L1[:5]
```

输出结果

[frozenset({' 创意儿童磁性钓鱼玩具益智宝宝 1-2-3 岁地摊货源热卖小孩玩具批发 '}),
 frozenset({' 传统套圈圈玩具创意小鸟水机幼儿园礼品儿童礼物玩具批发地摊热卖 '}),
 frozenset({' 创意发光电动狗有声倒退狗会叫戴眼镜裙子儿童玩具批发地摊热卖 '}),
 frozenset({'2017 热卖大号仿真惯性挖土机儿童益智礼品创意义乌地摊货玩具批发 '}),
 frozenset({' 发条玩具批发上链卡通动物青蛙儿童礼物宝宝玩具经典 80 后益智地摊 '})]

查看输出度的数据集，代码如下。

```
supportData
```

输出结果

{frozenset({' 儿童沙滩玩具水枪宝宝玩水玩具户外洗澡游泳漂流戏大号水枪批发 '}):

0.016294810729506143,
frozenset({' 发光玩具批发光纤手指灯闪光夜市热卖货源儿童玩具地摊义乌厂家 '}):
0.010779644021057909,
frozenset({' 大号泡泡棒沙滩小铲子工具泡泡枪公园吹泡泡户外亲子游戏玩具热卖 '}):
0.01955377287540737,
frozenset({' 特价 5 号 AA 普通干电池电动玩具配件厂家直销批 '}): 0.08949611431436451,……}

创建项集迭代函数 aprioriGen()，代码如下。

```
def aprioriGen(Lk):
    retList = []
    lenLk = len(Lk)
    k = len(Lk[0])
    for i in range(lenLk): # 遍历频繁一项集
        for j in range(i+1, lenLk):
            L1 = list(Lk[i])[:k-1]; L2 = list(Lk[j])[:k-1]
            L1.sort(); L2.sort()
            if L1==L2:
                retList.append(Lk[i] | Lk[j])
    return retList
```

调用项集迭代函数，代码如下。

```
aprioriGen(L1)
```

输出结果

```
[frozenset({' 传统套圈圈玩具创意小鸟水机幼儿园礼品儿童礼物玩具批发地摊热卖 ',
        ' 创意儿童磁性钓鱼玩具益智宝宝 1-2-3 岁地摊货源热卖小孩玩具批发 '}),
……
```

创建频繁项挖掘函数 apriori()，代码如下。

```
def apriori(dataSet, minSupport = 0.5):
    C1 = createC1(dataSet) # 生成备选一项集
    D = list(map(set, dataSet)) # 更改原数据为 list
    L1, supportData = scanD(D, C1, minSupport)
    #L1 是频繁一项集，supportData 是所有一项集的支持度
    L = [L1] # 将一项集放入 list 中
    while (len(L[-1]) > 1):
        Ck = aprioriGen(L[-1])
        Lk, supK = scanD(D, Ck, minSupport)# 得到频繁 K 项集
        supportData.update(supK)# 所有项集的支持度
        L.append(Lk) #L 是所有项集组成的 list
    return L, supportData
```

调用自定义的 apriori() 函数，代码如下。

```
L, supportData= apriori(dataSet, minSupport = 0.01)
```

创建频繁二项集的置信度计算函数 calcConf()，代码如下。

```
def calcConf(freqSet, H, supportData, brl, minConf=0.5):
    #H 是 freqSet 的所有子集
    prunedH = []
    for conseq in H:
        conf = supportData[freqSet]/supportData[freqSet-conseq]
        if conf >= minConf:
            brl.append((freqSet-conseq, conseq, conf))
            prunedH.append(conseq) # 把后键单独存储，为了后面有可能用到后键的超项集
    return prunedH
```

创建频繁多项集的置信度计算函数 rulesFromConseq()，代码如下。

```
def rulesFromConseq(freqSet, H, supportData, brl, minConf=0.7):
    Hmp = True
    while Hmp:
        Hmp = False # 防止因 Hmp 失效而导致进入无限循环
        H = calcConf(freqSet, H, supportData, brl, minConf)
        H = aprioriGen(H)
        Hmp = not(H == [] or len(H[0]) == len(freqSet))
```

创建关联规则挖掘函数 generateRules，代码如下。

```
def generateRules(L, supportData, minConf=0.7):
    bigRuleList = []
    for i in range(1, len(L)): # 从频繁二项集开始挖掘规则
        for freqSet in L[i]: # 找出每个频繁项集的子集
            H1 = [frozenset([item]) for item in freqSet]
            if (i > 1):
                rulesFromConseq(freqSet, H1, supportData, bigRuleList, minConf)
            else:
                calcConf(freqSet, H1, supportData, bigRuleList, minConf)
    return bigRuleList
```

调用 generateRules() 函数，代码如下。

```
brl = generateRules(L, supportData, minConf=0.05)
brl
```

输出结果

```
[(frozenset({' 创意恐龙玩具卡装仿真恐龙模型小孩礼物宝宝玩具地摊货批发免邮 '}),
  frozenset({'2017 热卖大号仿真惯性挖土机儿童益智礼品创意义乌地摊货玩具批发 '}),
  0.15018315018315018),
 (frozenset({'2017 热卖大号仿真惯性挖土机儿童益智礼品创意义乌地摊货玩具批发 '}),
  frozenset({' 创意恐龙玩具卡装仿真恐龙模型小孩礼物宝宝玩具地摊货批发免邮 '}),
  0.11232876712328768),……]
```

将结果转变成表格，代码如下。

```
col=[' 商品 1',' 商品 2',' 置信度 ']
data = pd.DataFrame(columns=col,data=brl)
data
```

输出结果（见图 5-1）

	宝贝1	宝贝2	置信度
0	(创意恐龙玩具卡装仿真恐龙模型小孩礼物宝宝玩具地摊货批发免邮)	(2017热卖大号仿真惯性挖土机儿童益智礼品创意义乌地摊货玩具批发)	0.150183
1	(2017热卖大号仿真惯性挖土机儿童益智礼品创意义乌地摊货玩具批发)	(创意恐龙玩具卡装仿真恐龙模型小孩礼物宝宝玩具地摊货批发免邮)	0.112329
2	(创意新款回力小车惯性坦克军事儿童玩具模型地摊货源玩具车批发)	(2017热卖大号仿真惯性挖土机儿童益智礼品创意义乌地摊货玩具批发)	0.182609
3	(2017热卖大号仿真惯性挖土机儿童益智礼品创意义乌地摊货玩具批发)	(创意新款回力小车惯性坦克军事儿童玩具模型地摊货源玩具车批发)	0.115068
4	(特价5号AA普通干电池电动玩具配件厂家直销批)	(2017热卖大号仿真惯性挖土机儿童益智礼品创意义乌地摊货玩具批发)	0.162465
5	(2017热卖大号仿真惯性挖土机儿童益智礼品创意义乌地摊货玩具批发)	(特价5号AA普通干电池电动玩具配件厂家直销批)	0.158904

图 5-1　频繁项集结果

对置信度进行降序，可以找到置信度高的规则，建议运营人员使用这些规则，代码如下。

```
data.sort_values(by=" 置信度 ",ascending=False)
```

输出结果（见图 5-2）

	宝贝1	宝贝2	置信度
53	(特价正品7号电池儿童电动玩具电源配件厂家直销1元4节地摊货批发)	(特价5号AA普通干电池电动玩具配件厂家直销批)	0.523810
12	(创意儿童发光刀玩具刀闪光刀剑男生礼物义乌货源地摊货玩具批发免邮)	(创意发光球闪光透明发光水晶弹力球儿童玩具夜市地摊货源批发)	0.304348
24	(新款热卖闪光手环卡通手腕带小孩儿童玩具义乌厂家地摊货源批发)	(创意发光球闪光透明发光水晶弹力球儿童玩具夜市地摊货源批发)	0.285714
35	(创意电动飞机发光音乐万向车儿童玩具飞机模型拼装玩具批发地摊)	(特价5号AA普通干电池电动玩具配件厂家直销批)	0.257310
45	(创意发光电动狗有声倒退狗会叫(戴眼镜裙子儿童玩具批发地摊热卖)	(特价5号AA普通干电池电动玩具配件厂家直销批)	0.252212

图 5-2　降序

5.2　案例：基于聚类算法的商品推荐

正确地推荐商品可以提高企业的销售额，关联规则是物与物之间的关系，可以通过商品之间的连带关系寻找商品之间的关联规则。

5.2.1　算法原理及案例背景

1．算法原理

将物理或抽象对象的集合分成由类似对象组成的多个类的过程被称为聚类。由聚类所生成的簇是一组数据对象的集合，这些对象与同一个簇中的对象彼此相似，与其他簇中的对象相异。"物以类聚，人以群分"，在自然科学和社会科学中，存在着大量的分类问题。聚类分析又称为群分析，它是研究（样品或指标）分类问题的一种统计分析方法。聚类分析起源于分类学，但是聚类不等于分类。聚类与分类的不同在于，聚类所要求划分的类是未知的。聚类分析内容非常丰富，有系统聚类法、有序样品聚类法、动态聚类法、模糊聚类法、图论聚类法、聚类预报法等。

K 均值聚类算法（k-means clustering algorithm，K-Means）是一种迭代求解的聚类分析算法。其步骤是：首先随机选取 K 个对象作为初始的聚类中心，然后计算每个对象与各个种子聚类中心的距离，把每个对象分配给距离它最近的聚类中心。聚类中心以及分配给它们的对象就代表一个聚类。每分配一个样本，聚类的聚类中心会根据聚类中现有的对象被重新计算。这个过程被不断地重复，直到满足某个终止条件。终止条件可以是没有（或最小数目）对象被重新分配给不同的聚类，没有（或最小数目）聚类中心再发生变化，误差平方和局部最小。

2. 数学原理

如果用数学表达式表示，假设数据集划分为（$C_1, C_2, \cdots, C_K$），则我们的目标是最小化平方误差 E：

$$E = \sum_{i=1}^{k} \sum_{x \in C_i} \|x - \mu_i\|^2$$

其中 μ_i 是数据集的均值向量，有时也称为质心，表达式为：

$$\mu_i = \frac{1}{|C_i|} \sum_{x \in C_i} x$$

K-Means 采用的方式很简单，如图 5-3 所示。

图 5-3（a）表达了初始的数据集，假设 k=2。在图 5-3（b）中，我们随机选择了两个 k 类所对应的类别质心，即图中的红色质心和蓝色质心，然后分别求样本中所有点到这两个质心的距离，并标记每个样本的类别和该样本距离最小的质心的类别。如图 5-3（c）所示，经过计算样本与红色质心、蓝色质心的距离，我们得到了所有样本点的第一轮迭代后的类别。此时我们对当前标记为红色和蓝色的点分别求其新的质心，如图 5-3（d）所示，新的红色质心和蓝色质心的位置已经发生了变动。图 5-3（e）和图 5-3（f）重复了在图 5-3（c）和图 5-3（d）的过程，即将所有点的

类别标记为距离最近的质心的类别,并求新的质心。最终得到的两个类别如图 5-3（f）所示。

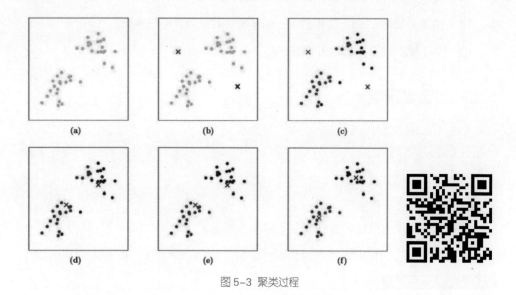

图 5-3 聚类过程

3. 业务背景

定位到某些消费者的族群后，可以分析这个族群的消费者喜欢什么商品。

业务需求：运营人员要给某些消费者推荐商品。

4. 数据说明

orders.csv 文件的字段列表如下。

订单编号	收货人姓名	商品总数量	是否代付
买家会员名	收货地址	店铺 ID	定金排名
买家支付宝账号	运送方式	店铺名称	修改后的 SKU
买家应付货款	联系电话	订单关闭原因	修改后的收货地址
买家应付邮费	联系手机	卖家服务费	异常信息
买家支付积分	订单创建时间	买家服务费	天猫卡券抵扣
总金额	订单付款时间	发票抬头	集分宝抵扣
返点积分	商品标题	是否手机订单	是否是 O2O 交易
买家实际支付金额	商品种类	分阶段订单信息	退款金额
买家实际支付积分	物流单号	特权订金订单 ID	预约门店
订单状态	物流公司	是否上传合同照片	
买家留言	订单备注	是否上传小票	

5. 案例实现思路

（1）提取消费者特征，整个数据的清洗过程是最烦琐的。

（2）使用 sklearn.cluster 库中的 Kmeans 函数对消费者进行聚类。

（3）基于聚类结果为消费者推荐产品。

5.2.2 消费者聚类

加载 Pandas 库，代码如下。

```
import pandas as pd
```

导入订单数据，代码如下。

```
df_order=pd.read_csv("orders.csv")
```

对数据进行探索分析，查看数据集的前 5 条记录，代码如下。

```
df_order.head()
```

输出结果（见图 5-4）

	订单编号	买家会员名	买家支付宝账号	买家应付货款	买家应付邮费	买家支付积分	总金额	返点积分	买家实际支付金额	买家实际支付积分	...	是否代付	定金排名	修改后的sku	修改后的收货地址	异常信息	天猫卡券抵扣	集分宝抵扣	是否是O2O交易	退款金额	预约门店
0	21407300627014900	1425	yorzikyA6C	58.51	0.0	0	58.51	0	58.51	0	...	否	NaN	NaN	NaN	NaN	NaN	NaN	NaN	0.0	NaN
1	24270488269081200	2163	AC870BA5860	15.70	5.0	0	20.70	0	20.70	0	...	否	NaN	NaN	NaN	NaN	NaN	NaN	NaN	0.0	NaN
2	21402600386365500	375	AC7574B65A0	7.90	5.0	0	12.90	0	12.90	0	...	否	NaN	NaN	NaN	NaN	NaN	NaN	NaN	0.0	NaN
3	21398820349555700	2618	A807C90766A	4.81	5.0	0	9.81	0	9.81	0	...	否	NaN	NaN	NaN	NaN	NaN	NaN	NaN	0.0	NaN
4	21446781606162100	2012	A505588565B	23.92	5.0	0	28.92	0	28.92	0	...	否	NaN	NaN	NaN	NaN	NaN	NaN	NaN	0.0	NaN

图 5-4 读取数据集 1

查看数据集的后 5 条记录，代码如下。

```
df_order.tail()
```

输出结果（见图 5-5）

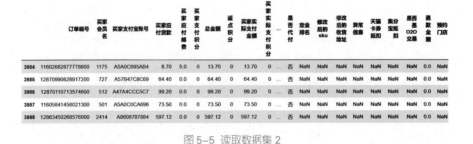

	订单编号	买家会员名	买家支付宝账号	买家应付货款	买家应付邮费	买家支付积分	总金额	返点积分	买家实际支付金额	买家实际支付积分	...	是否代付	定金排名	修改后的sku	修改后的收货地址	异常信息	天猫卡券抵扣	集分宝抵扣	是否是O2O交易	退款金额	预约门店
3984	11602682877778600	1175	A5A0C695AB4	8.70	5.0	0	13.70	0	13.70	0	...	否	NaN	NaN	NaN	NaN	NaN	NaN	NaN	0.0	NaN
3985	12870990828917200	727	A57B47C8C69	64.40	0.0	0	64.40	0	64.40	0	...	否	NaN	NaN	NaN	NaN	NaN	NaN	NaN	0.0	NaN
3986	12870110713574600	512	A47A4CCC5C7	99.20	0.0	0	99.20	0	99.20	0	...	否	NaN	NaN	NaN	NaN	NaN	NaN	NaN	0.0	NaN
3987	11605841458021300	501	A5A0C0CA696	73.50	0.0	0	73.50	0	73.50	0	...	否	NaN	NaN	NaN	NaN	NaN	NaN	NaN	0.0	NaN
3988	12863450268576000	2414	A8608787884	597.12	0.0	0	597.12	0	597.12	0	...	否	NaN	NaN	NaN	NaN	NaN	NaN	NaN	0.0	NaN

图 5-5 读取数据集 2

查看 **df_order** 的字段信息，代码如下。

```
df_order.info()
```

输出结果

```
<class 'pandas.core.frame.DataFrame'>
RangeIndex: 3989 entries, 0 to 3988
Data columns (total 46 columns):
订单编号          3989 non-null int64
买家会员名        3989 non-null int64
买家支付宝账号     3988 non-null object
买家应付货款      3989 non-null float64
......
```

根据业务经验先进行字段的选取，删除"买家会员名"和"买家支付宝账号"
两个字段，代码如下。

```
df_order=df_order.drop([" 买家会员名 "," 买家支付宝账号 "],axis=1)
```

使用 **shape** 方法查看数据集有多少个样本，代码如下。

```
df_order.shape[0]
```

输出结果

```
3989
```

过滤掉缺失值大于 **80%** 的字段，代码如下。

```
df_order[' 修改后的收货地址 '].isnull().sum()>df_order.shape[0]*0.8
```

输出结果

```
True
```

使用 **for** 循环将缺失值大于 **80%** 的字段删除，代码如下。

```
for col in df_order.columns:
    if df_order[col].isnull().sum() >df_order.shape[0]*0.8:
        del df_order[col]
df_order.info()
```

输出结果

```
<class 'pandas.core.frame.DataFrame'>
RangeIndex: 3989 entries, 0 to 3988
Data columns (total 31 columns):
订单编号          3989 non-null int64
```

```
买家会员名      3989 non-null int64
买家应付货款    3989 non-null float64
买家应付邮费    3989 non-null float64
买家支付积分    3989 non-null int64
总金额    3989 non-null float64
……
```

处理后，原本 46 个字段，现在只剩下 31 个字段。

找到只表达一个信息的字段，查询 "买家会员名" 记录，代码如下。

```
len(df_order. 买家会员名 .value_counts())
```

输出结果

```
3411
```

查询 "买家实际支付积分" 记录，代码如下。

```
len(df_order. 买家实际支付积分 .value_counts())
```

输出结果

```
1
```

这种只有一个信息的字段对于聚类而言并没有意义，使用 for 循环，删除只表达一个信息的字段，代码如下。

```
for col in df_order.columns:
    cate=len(df_order[col].value_counts())
    if cate <=1:
        del df_order[col]
df_order.info()
```

输出结果

```
<class 'pandas.core.frame.DataFrame'>
RangeIndex: 3989 entries, 0 to 3988
Data columns (total 17 columns):
订单编号      3989 non-null int64
买家会员名    3989 non-null int64
买家应付货款    3989 non-null float64
买家应付邮费    3989 non-null float64
总金额    3989 non-null float64
买家实际支付金额    3989 non-null float64
……
```

下面我们观察退款金额的数值分布情况，发现 0 占了大部分，代码如下。

```
df_order. 退款金额 .value_counts()
```

输出结果

```
0.00    3943
6.90       2
0.99       2
35.01      1
2.67       1
31.90      1
......
```

从结果中可以发现，退款金额为 0 的共有 3943 个样本，占了数据记录中的大部分。

使用 for 循环将退款金额标签化，无退款为 0，有退款为 1，代码如下。

```
for i in df_order.index:
    if df_order. 退款金额 .values[i]>0:
        df_order. 退款金额 .values[i]=1
    else:
        df_order. 退款金额 .values[i]=0
df_order. 退款金额 .value_counts()
```

输出结果

```
0.0    3943
1.0      46
Name: 退款金额 , dtype: int64
```

取出所需的字段，代码如下。

```
orders=df_order.loc[:,[' 订单编号 ',' 买家会员名 ',' 买家实际支付金额 ',' 收货地址 ',' 商品种类 ',' 商
品总数量 ',' 退款金额 ']]
orders.head()
```

输出结果（见图 5-5）

	订单编号	买家会员名	买家实际支付金额	收货地址	宝贝种类	宝贝总数量	退款金额
0	21407300627014900	1425	58.51	广东省 广州市 越秀区 华乐街道环市东路华侨新村光明路28号3a楼（即原文化假日酒店，后易名...	5	59	0.0
1	24270488269081200	2163	20.70	江西省 九江市 浔阳区 甘棠街道浔阳东路108号儿童健康复中心亲子园(332000)	2	2	0.0
2	21402600386365500	375	12.90	浙江省 宁波市 江东区 新明街道明晨里227弄25号401室(315040)	1	1	0.0
3	21398820349555700	2618	9.81	湖南省 邵阳市 其它区 湖南省邵阳市双清区铁砂岭小学后面(422000)	1	1	0.0
4	21446781606162100	2012	28.92	安徽省 阜阳市 颍东区 新华街道尚武艺术培训中心(236058)	1	8	0.0

图 5-5 消费者聚类 1

将收货地址的省份提取出来，代码如下。

```
orders. 收货地址 .values[0].split()[0]
```

输出结果

```
'广东省'
```

替换掉收货地址，代码如下。

```
orders. 收货地址 =orders. 收货地址 .apply(lambda x:x.split()[0])
orders.head()
```

输出结果（见图 5-6）

	订单编号	买家会员名	买家实际支付金额	收货地址	宝贝种类	宝贝总数量	退款金额
0	21407300627014900	1425	58.51	广东省	5	59	0.0
1	24270488269081200	2163	20.70	江西省	2	2	0.0
2	21402600386365500	375	12.90	浙江省	1	1	0.0
3	21398820349555700	2618	9.81	湖南省	1	1	0.0
4	21446781606162100	2012	28.92	安徽省	1	8	0.0

图 5-6 消费者聚类 2

导入订单商品数据，代码如下。

```
df_item=pd.read_csv("Items_order.csv")
```

观察数据，代码如下。

```
df_item.head()
```

输出结果（见图 5-7）

	订单编号	标题	价格	购买数量	外部系统编号	商品属性	套餐信息	备注	订单状态	商家编码
0	21407300627014900	发光玩具批发光纤手指灯闪光夜市热卖货源儿童玩具地摊义乌厂家	0.58	12	WY013-2SZD0426	颜色分类: 小号	NaN	NaN	交易成功	WY013-2SZD0426
1	21407300627014900	特价5号AA普通干电池 电动玩具配件 厂家直销批	1.00	20	HT-5H0094	NaN	NaN	NaN	交易成功	HT-5H0094
2	21407300627014900	大号泡泡棒沙滩小铲子工具泡泡枪公园吹泡泡户外亲子游戏玩具热卖	1.20	16	GC018005	NaN	NaN	NaN	交易成功	GC018005
3	21407300627014900	特价正品7号电池儿童电动玩具电源配件 厂家直销1元4节地摊货批发	1.00	10	HT-7H0093	NaN	NaN	NaN	交易成功	HT-7H0093
4	21407300627014900	儿童沙滩玩具水枪 宝宝玩水玩具户外洗澡游泳漂流戏大号水枪批发	6.79	1	GC080003	套餐类型: 标准配置_颜色分类: 33000蓝色水枪	NaN	NaN	交易成功	GC080003

图 5-7 消费者聚类 3

观察数据集的字段情况，代码如下。

```
df_item.info()
```

输出结果

```
<class 'pandas.core.frame.DataFrame'>
RangeIndex: 21897 entries, 0 to 21896
Data columns (total 10 columns):
订单编号      21897 non-null int64
标题        21897 non-null object
价格        21897 non-null float64
购买数量      21897 non-null int64
外部系统编号    21897 non-null object
商品属性      12636 non-null object
套餐信息      0 non-null float64
备注        130 non-null object
订单状态      21897 non-null object
商家编码      21897 non-null object
dtypes: float64(2), int64(2), object(6)
memory usage: 1.7+ MB
```

结果中包含 10 个字段，共 21897 条记录。

观察商品属性的特征，代码如下。

```
df_item. 商品属性 .value_counts()
颜色分类 : 发光翅膀 ; 大小描述 : 大号          354
颜色分类 : 带绳水晶球 5.5CM              282
颜色分类 : 黑色电动枪 A; 大小描述 : 均码        221
颜色分类 : 398-13 挖掘机               219
                ...
Name: 商品属性 , Length: 439, dtype: int64
```

从输出结果可以看到共有 439 个特征

观察套餐信息的特征，代码如下。

```
df_item. 套餐信息 .value_counts()
```

输出结果

```
Series([], Name: 套餐信息 , dtype: int64)
```

可以看到这是一个空字段通过上述的结果观察后，确定可用的字段为订单编号、标题、价格、购买数量，这些字段的信息相对更加完整。

从 df_item 中取出必要的字段，代码如下。

```
items=df_item.loc[:,[' 订单编号 ',' 标题 ',' 价格 ',' 购买数量 ']]
items.head()
```

输出结果（见图 5-8）

	订单编号	标题	价格	购买数量
0	21407300627014900	发光玩具批发发光纤灯手指灯闪光夜市热卖货源儿童玩具地摊义乌厂家	0.58	12
1	21407300627014900	特价5号AA普通干电池 电动玩具配件 厂家直销批	1.00	20
2	21407300627014900	大号泡泡棒沙滩小铲子工具泡泡枪公园吹泡泡户外亲子游戏玩具热卖	1.20	16
3	21407300627014900	特价正品7号电池儿童电动玩具电源配件 厂家直销1元4节地摊货批发	1.00	10
4	21407300627014900	儿童沙滩玩具水枪 宝宝玩水玩具户外洗澡游泳漂流戏大号水枪批发	6.79	1

图 5-8 消费者聚类 4

导入商品信息，代码如下。

```
df_attr=pd.read_csv("Items_attribute.csv",encoding='gb2312')
df_attr.head()
```

输出结果（见图 5-9）

	商品ID	标题	价格	玩具类型	适用年龄	品牌
0	537396783238	创意新款回力小车惯性坦克 军事儿童玩具模型地摊货源玩具车批发	8.90	塑胶玩具	3岁,4岁,5岁,6岁	3
1	36286235128	2017热卖大号仿真惯性挖土机儿童益智礼品创意义乌地摊玩具批发	3.90	其它玩具	3岁,4岁,5岁,6岁	3
2	35722000205	创意发光球闪光透明发光水晶弹力球儿童小玩具 夜市地摊货源批发	1.65	其它玩具	3岁,4岁,5岁,6岁,7岁,8岁,9岁,10岁,11岁,12岁	3
3	550659732532	新款创意六一儿童节礼物音乐投影电动枪夜市地摊货源批发男孩玩具	9.90	其它玩具	3岁,4岁,5岁,6岁,7岁,8岁,9岁,10岁,11岁,12岁,13岁,14岁	3
4	531877266868	发条玩具批发上链卡通动物青蛙儿童礼物宝宝玩具玩具经典80后益智地摊	1.85	其它玩具	3岁,4岁	3

图 5-9 消费者聚类 5

观察 df_attr 的字段信息，代码如下。

```
df_attr.info()
```

输出结果

```
<class 'pandas.core.frame.DataFrame'>
RangeIndex: 288 entries, 0 to 287
Data columns (total 6 columns):
商品 ID    288 non-null int64
标题      288 non-null object
价格      288 non-null float64
玩具类型    252 non-null object
适用年龄    284 non-null object
品牌      288 non-null int64
dtypes: float64(1), int64(2), object(3)
memory usage: 13.6+ KB
```

这个数据集包含 6 个字段，其中玩具类型和适用年龄存在缺失值。

观察玩具类型的特征，代码如下。

```
df_attr.玩具类型.value_counts()
```

输出结果

```
其他玩具        165
塑胶玩具         27
其他           24
电玩具          11
仿真生活家电       9
普通娃娃          5
拼搭积木          3
单杆手推玩具        2
仿真医生玩具        1
发泄            1
陀螺            1
仿真房间/家具       1
仿真厨房类         1
娃娃玩具          1
Name: 玩具类型, dtype: int64
```

发现这个字段的特征集中在其他玩具，这个特征没有分析价值。

观察适用年龄的特征，这个特征可以提取出玩具对应的适用儿童类型，代码如下。

```
df_attr.适用年龄.value_counts()
```

输出结果

```
3岁,4岁,5岁,6岁,7岁,8岁,9岁,10岁,11岁,12岁,13岁,14岁        54
3岁,4岁,5岁,6岁,7岁,8岁,9岁,10岁,11岁,12岁              36
3岁,4岁,5岁,6岁                              36
......
2岁,3岁,4岁,5岁,6岁,7岁,8岁,9岁,10岁,11岁,12岁,13岁        1
18个月,2岁                          1
7岁,8岁,9岁,10岁                      1
Name: 适用年龄, dtype: int64
```

提取"标题"和"适用年龄"两个字段，代码如下。

```
attrs=df_attr.loc[:,['标题','适用年龄']]
attrs.head()
```

输出结果（见图 5-10）

	标题	适用年龄
0	创意新款回力小车惯性坦克 军事儿童玩具模型地摊货源玩具车批发	3岁,4岁,5岁,6岁
1	2017热卖大号仿真惯性挖土机儿童益智礼品创意义乌地摊货玩具批发	3岁,4岁,5岁,6岁
2	创意发光球闪光透明发光水晶弹力球儿童小玩具 夜市地摊货源批发	3岁,4岁,5岁,6岁,7岁,8岁,9岁,10岁,11岁,12岁
3	新款创意六一儿童节礼物音乐投影电动枪夜市地摊货源批发男孩玩具	3岁,4岁,5岁,6岁,7岁,8岁,9岁,10岁,11岁,12岁,13岁,14岁
4	发条玩具批发上链卡通动物青蛙儿童礼物宝宝玩具经典80后益智地摊	3岁,4岁

图 5-10 消费者聚类 6

观察"适用年龄"字段的缺失值，代码如下。

```
attrs. 适用年龄 .isnull().value_counts()
```

输出结果（只有 4 个缺失值）

```
False    284
True       4
Name: 适用年龄 , dtype: int64
```

将缺失值替换成"missing"，代码如下。

```
attrs. 适用年龄 .fillna('missing',inplace=True)
attrs. 适用年龄 .isnull().value_counts()
```

输出结果

```
False    288
Name: 适用年龄 , dtype: int64
```

自定义标签(tag),定义 2 岁以下为婴儿,2 ~ 4 岁为幼儿,5 ~ 7 岁为学前,8 ~ 14 岁为学生,代码如下。

```
def addTag(x):
    tag=''
    if ' 月 'in x:
        tag+=' 婴儿 |'
    if ',2 岁 ' in x or ',3 岁 ' in x or ',4 岁 ' in x:
        tag+=' 幼儿 |'
    if '5 岁 ' in x or '6 岁 ' in x or '7 岁 ' in x:
        tag+=' 学前 |'
    if '8 岁 ' in x or '9 岁 ' in x or '10 岁 ' in x  or '11 岁 ' in x or '12 岁 ' in x or '13 岁 ' in x or '14 岁 ' in x:
        tag+=' 学生 |'
```

```
    if 'missing' in x:
        tag+='missing'
    return tag
attrs['tag']=attrs. 适用年龄 .apply(addTag)
attrs.head()
```

输出结果（见图 5-11）

	标题	适用年龄	tag
0	创意新款回力小车惯性坦克 军事儿童玩具模型地摊货源玩具车批发	3岁,4岁,5岁,6岁	幼儿|学前|
1	2017热卖大号仿真惯性挖土机儿童益智礼品创意义乌地摊货玩具批发	3岁,4岁,5岁,6岁	幼儿|学前|
2	创意发光球闪光透明发光水晶弹力球儿童小玩具 夜市地摊货源批发	3岁,4岁,5岁,6岁,7岁,8岁,9岁,10岁,11岁,12岁	幼儿|学前|学生|
3	新款创意六一儿童节礼物音乐投影电动枪夜市地摊货源批发男孩玩具	3岁,4岁,5岁,6岁,7岁,8岁,9岁,10岁,11岁,12岁,13岁,14岁	幼儿|学前|学生|
4	发条玩具批发上链卡通动物青蛙儿童礼物宝宝玩具经典80后益智地摊	3岁,4岁	幼儿|

图 5-11 消费者聚类 7

提取"标题"和"tag"字段，代码如下。

```
attrs_clean=attrs.loc[:,[' 标题 ','tag']]
```

将商品订单表与商品信息表进行合并，代码如下。

```
item_attrs=pd.merge(items,attrs_clean,on=' 标题 ',how='inner')
item_attrs.head()
```

输出结果（见图 5-12）

	订单编号	标题	价格	购买数量	tag2
0	21407300627014900	发光玩具批发光纤手指灯闪光夜市热卖货源儿童玩具地摊义乌厂家	0.58	12	幼儿|学前|学生|
1	24043728806509300	发光玩具批发光纤手指灯闪光夜市热卖货源儿童玩具地摊义乌厂家	0.58	1	幼儿|学前|学生|
2	24043728806509300	发光玩具批发光纤手指灯闪光夜市热卖货源儿童玩具地摊义乌厂家	0.68	1	幼儿|学前|学生|
3	20885882368182100	发光玩具批发光纤手指灯闪光夜市热卖货源儿童玩具地摊义乌厂家	0.68	50	幼儿|学前|学生|
4	20885882368182100	发光玩具批发光纤手指灯闪光夜市热卖货源儿童玩具地摊义乌厂家	0.58	50	幼儿|学前|学生|

图 5-12 消费者聚类 8

删除"标题"字段，代码如下。

```
del item_attrs[' 标题 ']
item_attrs.head()
```

输出结果（见图 5-13）

	订单编号	价格	购买数量	tag2
0	21407300627014900	0.58	12	幼儿|学前|学生|
1	24043728806509300	0.58	1	幼儿|学前|学生|
2	24043728806509300	0.68	1	幼儿|学前|学生|
3	20885882368182100	0.68	50	幼儿|学前|学生|
4	20885882368182100	0.58	50	幼儿|学前|学生|

图 5-13 消费者聚类 9

将 orders 表与 item_attrs 表进行合并，代码如下。

```
orders_tag=pd.merge(orders,item_attrs,on=' 订单编号 ',how='left')
orders_tag.head()
```

输出结果（见图 5-14）

	订单编号	买家会员名	买家实际支付金额	收货地址	商品种类	商品总数量	退款金额	价格	购买数量	tag2
0	21407300627014900	1425	58.51	广东省	5	59	0.0	0.58	12.0	幼儿|学前|学生|
1	21407300627014900	1425	58.51	广东省	5	59	0.0	1.00	20.0	missing
2	21407300627014900	1425	58.51	广东省	5	59	0.0	1.20	16.0	幼儿|学前|学生|
3	21407300627014900	1425	58.51	广东省	5	59	0.0	1.00	10.0	missing
4	21407300627014900	1425	58.51	广东省	5	59	0.0	6.79	1.0	幼儿|学前|学生|

图 5-14 消费者聚类 10

构建客户对不同年龄标签的商品的购买次数表，代码如下。

```
test1=orders_tag.loc[:,[' 买家会员名 ','tag2']]
test1[' 购买次数 ']=0
test1.head()
```

输出结果（见图 5-15）

	买家会员名	tag2	购买次数
0	1425	幼儿|学前|学生|	0
1	1425	missing	0
2	1425	幼儿|学前|学生|	0
3	1425	missing	0
4	1425	幼儿|学前|学生|	0

图 5-15 消费者聚类 11

将不同年龄标签转换为字段，代码如下。

```
test2=test1.groupby([' 买家会员名 ','tag2']).count()
res_tag=test2.unstack('tag2').fillna(0)
res_tag.head()
```

tag2	missing	婴儿|	婴儿|幼儿|	婴儿|幼儿|学前|	婴儿|幼儿|学前|学生|	学前|学生|	幼儿|	幼儿|学前|	购买次数 幼儿|学前|学生|
买家会员名									
0	0.0	0.0	0.0	0.0	0.0	0.0	0.0	1.0	0.0
1	0.0	0.0	0.0	0.0	0.0	0.0	0.0	1.0	3.0
2	0.0	0.0	0.0	0.0	0.0	0.0	0.0	0.0	2.0
3	0.0	0.0	0.0	0.0	0.0	0.0	0.0	0.0	2.0
4	0.0	0.0	0.0	0.0	0.0	0.0	1.0	0.0	5.0

图 5-16　消费者聚类 12

删除 orders_tag 表的"tag2"和"订单编号"两个字段，代码如下。

```
del orders_tag['tag2']
del orders_tag[' 订单编号 ']
orders_tag.head()
```

	买家会员名	买家实际支付金额	收货地址	商品种类	商品总数量	退款金额	价格	购买数量
0	1425	58.51	广东省	5	59	0.0	0.58	12.0
1	1425	58.51	广东省	5	59	0.0	1.00	20.0
2	1425	58.51	广东省	5	59	0.0	1.20	16.0
3	1425	58.51	广东省	5	59	0.0	1.00	10.0
4	1425	58.51	广东省	5	59	0.0	6.79	1.0

图 5-17　消费者聚类 13

把 res_tag 的索引"买家会员名"转换成表字段，并将 res_tag 表和 orders_tag 表根据"买家会员名"字段合并，代码如下。

```
res_tag.reset_index(inplace=True)
users=pd.merge(orders_tag,res_tag,on=' 买家会员名 ',how='left')
```

合并两张表后根据"买家会员名"和"收货地址"进行分组汇总，计算方式为平均值，代码如下。

```
res1=users.groupby([' 买家会员名 ',' 收货地址 ']).mean()
```

把缺失值显示的值设置为 0，代码如下。

```
res1=res1.fillna(0)
```

观察数据，代码如下。

```
res1.head()
```

输出结果（见图 5-18）

买家会员名	收货地址	买家实际支付金额	商品种类	商品总数量	退款金额	价格	购买数量	(购买次数, missing)	(购买次数, 婴儿)	(购买次数, 婴儿|幼儿)	(购买次数, 婴儿|幼儿|学前)	(购买次数, 婴儿|幼儿|学前|学生)	(购买次数, 学前|学生)	(购买次数, 幼儿)	(购买次数, 幼儿|学前)	(购买次数, 幼儿|学前|学生)
0	福建省	14.90	1.0	1.0	0.0	9.900000	1.0	0.0	0.0	0.0	0.0	0.0	0.0	0.0	1.0	0.0
1	北京	37.56	4.0	8.0	0.0	4.957500	2.0	0.0	0.0	0.0	0.0	0.0	0.0	0.0	1.0	3.0
2	吉林省	58.50	2.0	15.0	0.0	3.725000	7.5	0.0	0.0	0.0	0.0	0.0	0.0	0.0	0.0	2.0
3	浙江省	13.39	2.0	2.0	0.0	4.520000	1.0	0.0	0.0	0.0	0.0	0.0	0.0	0.0	0.0	2.0
4	江苏省	30.87	6.0	6.0	0.0	4.651667	1.0	0.0	0.0	0.0	0.0	0.0	0.0	0.0	0.0	5.0

图 5-18　消费者聚类 14

把 res1 的索引"买家会员名"和"收货地址"转变成表字段，代码如下。

```
res1.reset_index(inplace=True)
res1.head()
```

输出结果（见图 5-19）

	买家会员名	收货地址	买家实际支付金额	商品种类	商品总数量	退款金额	价格	购买数量	(购买次数, missing)	(购买次数, 婴儿)	(购买次数, 婴儿|幼儿)	(购买次数, 婴儿|幼儿|学前)	(购买次数, 婴儿|幼儿|学前|学生)	(购买次数, 学前|学生)	(购买次数, 幼儿)	(购买次数, 幼儿|学前)	(购买次数, 幼儿|学前|学生)
0	0	福建省	14.90	1.0	1.0	0.0	9.900000	1.0	0.0	0.0	0.0	0.0	0.0	0.0	0.0	1.0	0.0
1	1	北京	37.56	4.0	8.0	0.0	4.957500	2.0	0.0	0.0	0.0	0.0	0.0	0.0	0.0	1.0	3.0
2	2	吉林省	58.50	2.0	15.0	0.0	3.725000	7.5	0.0	0.0	0.0	0.0	0.0	0.0	0.0	0.0	2.0
3	3	浙江省	13.39	2.0	2.0	0.0	4.520000	1.0	0.0	0.0	0.0	0.0	0.0	0.0	0.0	0.0	2.0
4	4	江苏省	30.87	6.0	6.0	0.0	4.651667	1.0	0.0	0.0	0.0	0.0	0.0	0.0	1.0	0.0	5.0

图 5-19　消费者聚类 15

使用 get_dummies() 方法将收货地址的省份转换成数字特征，代码如下。

```
res2=pd.get_dummies(res1)
res2.head()
```

输出结果（见图 5-20）

	买家会员名	买家实际支付金额	商品种类	商品总数量	退款金额	价格	购买数量	(购买次数, missing)	(购买次数, 婴儿I)	(购买次数, 婴儿I幼儿I)	...	收货地址_湖北省	收货地址_湖南省	收货地址_甘肃省	收货地址_福建省	收货地址_贵州省	收货地址_辽宁省	收货地址_重庆	收货地址_陕西省	收货地址_青海省	收货地址_黑龙江省
0	0	14.90	1.0	1.0	0.0	9.900000	1.0	0.0	0.0	0.0	...	0	0	0	1	0	0	0	0	0	0
1	1	37.56	4.0	8.0	0.0	4.957500	2.0	0.0	0.0	0.0	...	0	0	0	0	0	0	0	0	0	0
2	2	58.50	2.0	15.0	0.0	3.725000	7.5	0.0	0.0	0.0	...	0	0	0	0	0	0	0	0	0	0
3	3	13.39	2.0	2.0	0.0	4.520000	1.0	0.0	0.0	0.0	...	0	0	0	0	0	0	0	0	0	0
4	4	30.87	6.0	6.0	0.0	4.651667	1.0	0.0	0.0	0.0	...	0	0	0	0	0	0	0	0	0	0

图 5-20　消费者聚类 16

查看 res2 的字段信息，代码如下。

```
res2.info()
```

输出结果

```
<class 'pandas.core.frame.DataFrame'>
RangeIndex: 3426 entries, 0 to 3425
Data columns (total 45 columns):
买家会员名                3426 non-null int64
买家实际支付金额            3426 non-null float64
商品种类                 3426 non-null float64
商品总数量               3426 non-null float64
退款金额                 3426 non-null float64
价格                   3426 non-null float64
购买数量                 3426 non-null float64
( 购买次数 , missing)    3426 non-null float64
( 购买次数 , 婴儿 I)      3426 non-null float64
( 购买次数 , 婴儿 I 幼儿 I)   3426 non-null float64
( 购买次数 , 婴儿 I 幼儿 I 学前 I)     3426 non-null float64
( 购买次数 , 婴儿 I 幼儿 I 学前 I 学生 I)     3426 non-null float64
( 购买次数 , 学前 I 学生 I)     3426 non-null float64
( 购买次数 , 幼儿 I)      3426 non-null float64
( 购买次数 , 幼儿 I 学前 I)     3426 non-null float64
( 购买次数 , 幼儿 I 学前 I 学生 I)     3426 non-null float64
收货地址 _ 上海         3426 non-null uint8
收货地址 _ 云南省        3426 non-null uint8
收货地址 _ 内蒙古自治区      3426 non-null uint8
收货地址 _ 北京         3426 non-null uint8
收货地址 _ 吉林省        3426 non-null uint8
收货地址 _ 四川省        3426 non-null uint8
收货地址 _ 天津         3426 non-null uint8
收货地址 _ 安徽省        3426 non-null uint8
收货地址 _ 山东省        3426 non-null uint8
收货地址 _ 山西省        3426 non-null uint8
```

收货地址 _ 广东省	3426 non-null uint8
收货地址 _ 广西壮族自治区	3426 non-null uint8
收货地址 _ 新疆维吾尔自治区	3426 non-null uint8
收货地址 _ 江苏省	3426 non-null uint8
收货地址 _ 江西省	3426 non-null uint8
收货地址 _ 河北省	3426 non-null uint8
收货地址 _ 河南省	3426 non-null uint8
收货地址 _ 浙江省	3426 non-null uint8
收货地址 _ 海南省	3426 non-null uint8
收货地址 _ 湖北省	3426 non-null uint8
收货地址 _ 湖南省	3426 non-null uint8
收货地址 _ 甘肃省	3426 non-null uint8
收货地址 _ 福建省	3426 non-null uint8
收货地址 _ 贵州省	3426 non-null uint8
收货地址 _ 辽宁省	3426 non-null uint8
收货地址 _ 重庆	3426 non-null uint8
收货地址 _ 陕西省	3426 non-null uint8
收货地址 _ 青海省	3426 non-null uint8
收货地址 _ 黑龙江省	3426 non-null uint8

```
dtypes: float64(15), int64(1), uint8(29)
memory usage: 525.4 KB
```

准备好数据后，开始建模。

导入 MinMaxScaler 库，代码如下。

```
from sklearn.preprocessing import MinMaxScaler
data=res1.iloc[:,2:].values
mms=MinMaxScaler()
```

数据标准化，代码如下。

```
data_norm=mms.fit_transform(data)
data_norm
```

输出结果

```
array([[0.00423175, 0.          , 0.          , ..., 0.          , 0.03333333,  0.        ],
       [0.01066742,  0.0625     , 0.00854701 , ..., 0.          , 0.03333333,  0.06      ],
       [0.0166146 ,  0.02083333 , 0.01709402 , ..., 0.          , 0.          ,  0.04      ],
       ...,
       [0.010977  , 0.          , 0.0030525  , ..., 0.          , 0.          ,  0.04      ],
       [0.01022437,  0.0625     , 0.003663   , ..., 0.          , 0.13333333,  0.        ],
       [0.00852315,  0.08333333 , 0.004884   , ..., 0.          , 0.03333333,  0.04      ]])
```

确定最优 K 值，可根据业务经验，也可以使用手肘法、轮廓系数法。

（1）手肘法，代码如下。

```
from sklearn.cluster import Kmeans
import matplotlib.pyplot as plt
%matplotlib inline
sse=[]
for k in range(1,15):
    km=KMeans(n_clusters=k)
    km.fit(data_norm)
    sse.append(km.inertia_)
x=range(1,15)
y=sse
plt.plot(x,y,marker='o')
```

输出结果（见图 5-21）

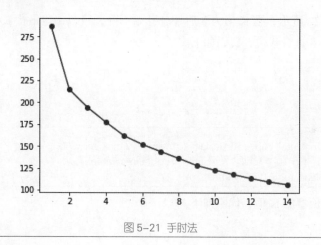

图 5-21 手肘法

轮廓系数法，代码如下。

```
from sklearn.metrics import silhouette_score
score=[]
for k in range(2,15):
    km=KMeans(n_clusters=k)
    res_km=km.fit(data_norm)
    score.append(silhouette_score(data_norm,res_km.labels_))
plt.plot(range(2,15),score,marker='o')
plt.imshow
```

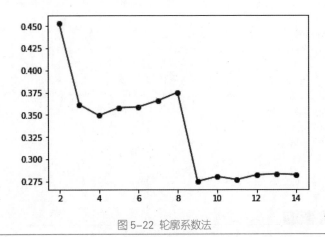

图 5-22 轮廓系数法

通过图 5-22 所示，在 K 值为 8 后评分开始下降，可以确定最优 K 值为 8，接下来设置 K 值为 8 进行建模，代码如下。

```
km=KMeans(n_clusters=8)
km.fit(data_norm)
```

输出结果

```
KMeans(algorithm='auto', copy_x=True, init='k-means++', max_iter=300,
    n_clusters=8, n_init=10, n_jobs=1, precompute_distances='auto',
random_state=None, tol=0.0001, verbose=0)
```

观察此时模型的 K 值，代码如下。

```
km.n_clusters
```

输出结果

8

观察分类的结果，模型给每条记录打标，代码如下。

```
km.labels_
```

输出结果

```
array([3, 3, 3, ..., 3, 1, 1])
```

把聚类的结果加入 res1 中，代码如下。

```
res1[' 类别 ']=km.labels_
res1.head()
```

输出结果（见图 5-23）

	买家会员名	收货地址	买家实际支付金额	商品种类	商品总数量	退款金额	价格	购买数量	(购买次数, missing)	(购买次数, 婴儿)	(购买次数, 幼儿)	(购买次数, 婴儿|幼儿)	(购买次数, 婴儿|幼儿|学前|学生)	(购买次数, 学前)	(购买次数, 幼儿)	(购买次数, 学前)	(购买次数, 幼儿|学前|学生)	类别
0	0	福建省	14.90	1.0	1.0	0.0	9.900000	1.0	0.0	0.0	0.0	0.0	0.0	0.0	0.0	1.0	0.0	1
1	1	北京	37.56	4.0	8.0	0.0	4.957500	2.0	0.0	0.0	0.0	0.0	0.0	0.0	1.0	3.0	5
2	2	吉林省	58.50	2.0	15.0	0.0	3.725000	7.5	0.0	0.0	0.0	0.0	0.0	0.0	0.0	2.0	5
3	3	浙江省	13.39	2.0	2.0	0.0	4.520000	1.0	0.0	0.0	0.0	0.0	0.0	0.0	0.0	2.0	1
4	4	江苏省	30.87	6.0	6.0	0.0	4.651667	1.0	0.0	0.0	0.0	0.0	0.0	0.0	1.0	5.0	6

图 5-23 建模 1

取出"买家会员名"和"类别"两个字段，代码如下。

```
cluster=res1.loc[:,[' 买家会员名 ',' 类别 ']]
cluster.head()
```

输出结果（见图 5-24）

	买家会员名	类别
0	0	3
1	1	3
2	2	3
3	3	3
4	4	0

图 5-24 建模 2

将聚类的结果写入文件，代码如下。

```
cluster.to_csv('cluster.csv',encoding='gbk',index=False)
```

5.2.3 基于消费者聚类的推荐

所谓"物以类聚，人以群分"。同一类群中，大多数人都喜欢的商品，你在此类群中，是否也喜欢？在某个类群中的人都喜欢什么样的商品？是否可以找到一个字段指标，来表述消费者对商品的喜好度，比如用购买次数这个指标来梳理一下流程。

（1）构建一个消费者对商品的喜好度表，"消费者—商品—喜好度"。

先回顾一下之前准备好的数据，代码如下。

```
orders.head()
```

输出结果（见图 5-24）

	订单编号	买家会员名	买家实际支付金额	收货地址	商品种类	商品总数量	退款金额
0	21407300627014900	1425	58.51	广东省	5	59	0.0
1	24270488269081200	2163	20.70	江西省	2	2	0.0
2	21402600386365500	375	12.90	浙江省	1	1	0.0
3	21398820349555700	2618	9.81	湖南省	1	1	0.0
4	21446781606162100	2012	28.92	安徽省	1	8	0.0

图 5-24 消费者对商品的喜好度 1

查看 items 表的数据，代码如下。

```
items.head()
```

输出结果（见图 5-25）

	订单编号	标题	价格	购买数量
0	21407300627014900	发光玩具批发发光纤手指灯闪光夜市热卖货源儿童玩具地摊义乌厂家	0.58	12
1	21407300627014900	特价5号AA普通干电池 电动玩具配件 厂家直销批	1.00	20
2	21407300627014900	大号泡泡棒沙滩小铲子工具泡泡枪公园吹泡泡户外亲子游戏玩具热卖	1.20	16
3	21407300627014900	特价正品7号电池儿童电动玩具电源配件 厂家直销1元4节地摊货批发	1.00	10
4	21407300627014900	儿童沙滩玩具水枪 宝宝水玩具户外洗澡游泳漂流戏大号水枪批发	6.79	1

图 5-25 消费者对商品的喜好度 2

查看 df_attr 表的数据，代码如下。

```
df_attr.head()
```

输出结果（见图 5-26）

	商品 ID	标题	价格	玩具类型	适用年龄	品牌
0	537396783238	创意新款回力小车惯性坦克 军事儿童玩具模型地摊货源玩具车批发	8.90	塑胶玩具	3岁,4岁,5岁,6岁	3
1	36286235128	2017热卖大号仿真惯性挖土机儿童智礼品创意义乌地摊货玩具批发	3.90	其它玩具	3岁,4岁,5岁,6岁	3
2	35722000205	创意发光球闪光透明发光水晶弹力球儿童小玩具 夜市地摊货源批发	1.65	其它玩具	3岁,4岁,5岁,6岁,7岁,8岁,9岁,10岁,11岁,12岁	3
3	550659732532	新款创意六一儿童节礼物音乐投影电动枪夜市地摊货源批发男孩玩具	9.90	其它玩具	3岁,4岁,5岁,6岁,7岁,8岁,9岁,10岁,11岁,12岁,13岁,14岁	3
4	531877266868	发条玩具批发上链卡通动物青蛙儿童玩具宝宝玩具经典80后益智地摊	1.85	其它玩具	3岁,4岁	3

图 5-26 消费者对商品的喜好度 3

把 orders 表和 items 表根据"订单编号"合并，代码如下。

```
orders_items=pd.merge(orders,items,on='订单编号')
orders_items.head()
```

输出结果（见图 5-27）

	订单编号	买家会员名	买家实际支付金额	收货地址	商品种类	商品总数量	退款金额	标题	价格	购买数量
0	21407300627014900	1425	58.51	广东省	5	59	0.0	发光玩具批发光纤手指灯闪光夜市热卖货源儿童玩具地摊义乌厂家	0.58	12
1	21407300627014900	1425	58.51	广东省	5	59	0.0	特价5号AA普通干电池 电动玩具配件 厂家直销批	1.00	20
2	21407300627014900	1425	58.51	广东省	5	59	0.0	大号泡泡棒沙滩小铲子工具泡泡枪公园吹泡泡户外亲子游戏玩具热卖	1.20	16
3	21407300627014900	1425	58.51	广东省	5	59	0.0	特价正品7号电池儿童电动玩具电源配件 厂家直销1元4节地摊货批发	1.00	10
4	21407300627014900	1425	58.51	广东省	5	59	0.0	儿童沙滩玩具水枪 宝宝玩水玩具户外洗澡游泳漂流戏大号水枪批	6.79	1

图 5-27 消费者对商品的喜好度 4

把 orders_items 表和 df_attr 表根据"标题"字段合并，代码如下。

```
orders_items_attrs=pd.merge(orders_items,df_attr,on='标题')
orders_items_attrs.head()
```

输出结果（见图 5-28）

	订单编号	买家会员名	买家实际支付金额	收货地址	商品种类	商品总数量	退款金额	标题	价格_x	购买数量	商品 ID	价格_y	玩具类型	适用年龄	品牌
0	21407300627014900	1425	58.51	广东省	5	59	0.0	发光玩具批发光纤手指灯闪光夜市热卖货源儿童玩具地摊义乌厂家	0.58	12	530449665002	0.58	其它玩具	3岁,4岁,5岁,6岁,7岁,8岁,9岁,10岁	3
1	24043728806509300	882	173.10	江苏省	38	46	0.0	发光玩具批发光纤手指灯闪光夜市热卖货源儿童玩具地摊义乌厂家	0.58	1	530449665002	0.58	其它玩具	3岁,4岁,5岁,6岁,7岁,8岁,9岁,10岁	3
2	24043728806509300	882	173.10	江苏省	38	46	0.0	发光玩具批发光纤手指灯闪光夜市热卖货源儿童玩具地摊义乌厂家	0.68	1	530449665002	0.58	其它玩具	3岁,4岁,5岁,6岁,7岁,8岁,9岁,10岁	3
3	20885882368182100	279	82.73	广东省	3	160	0.0	发光玩具批发光纤手指灯闪光夜市热卖货源儿童玩具地摊义乌厂家	0.68	50	530449665002	0.58	其它玩具	3岁,4岁,5岁,6岁,7岁,8岁,9岁,10岁	3
4	20885882368182100	279	82.73	广东省	3	160	0.0	发光玩具批发光纤手指灯闪光夜市热卖货源儿童玩具地摊义乌厂家	0.58	50	530449665002	0.58	其它玩具	3岁,4岁,5岁,6岁,7岁,8岁,9岁,10岁	3

图 5-28 消费者对物品的喜好度 5

取出"买家会员名"和"商品 ID"两个字段，代码如下。

```
user_item=orders_items_attrs.loc[:,['买家会员名','商品 ID']]
user_item.head()
```

输出结果（见图 5-29）

	买家会员名	商品 ID
0	1425	530449665002
1	882	530449665002
2	882	530449665002
3	279	530449665002
4	279	530449665002

图 5-29　保留两个字段

新增一个"购买次数"字段，初始赋值为 0，代码如下。

```
user_item[' 购买次数 ']=0
```

根据"买家会员名"和"商品 ID"分组统计计数，并将分组后的索引重置为字段，代码如下。

```
user_item_freq=user_item.groupby([' 买家会员名 ',' 商品 ID']).count().reset_index()
user_item_freq.head()
user_item[' 购买次数 ']=0
user_item_freq=user_item.groupby([' 买家会员名 ',' 商品 ID']).count().reset_index()
user_item_freq.head()
```

输出结果（见图 5-30）

	买家会员名	商品 ID	购买次数
0	0	42577833473	1
1	1	536728628605	1
2	1	545516801138	1
3	1	547644315780	1
4	1	550735773284	1

图 5-30　统计分组

（2）消费者匹配类别：消费者—商品—喜好度—消费者所属类别。

查看 cluster 表的数据，代码如下。

```
cluster.head()
```

输出结果（见图 5-31）

	订单编号	买家会员名	买家实际支付金额	收货地址	商品种类	商品总数量	退款金额
0	21407300627014900	1425	58.51	广东省	5	59	0.0
1	24270488269081200	2163	20.70	江西省	2	2	0.0
2	21402600386365500	375	12.90	浙江省	1	1	0.0
3	21398820349555700	2618	9.81	湖南省	1	1	0.0
4	21446781606162100	2012	28.92	安徽省	1	8	0.0

图 5-31 消费者匹配类别

把 user_item_freq 表和 cluster 表根据"买家会员名"字段合并，代码如下。

```
user_item_freq_cluster=pd.merge(user_item_freq,cluster,on=' 买家会员名 ')
user_item_freq_cluster.head()
```

输出结果（见图 5-32）

	买家会员名	商品 ID	购买次数	类别
0	0	42577833473	1	1
1	1	536728628605	1	1
2	1	545516801138	1	1
3	1	547644315780	1	1
4	1	550735773284	1	1

图 5-32 合并

（3）对同一类别的消费者进行物品喜好度的聚合，得到同一类群中，大家对每一个物品的平均喜好度：类别—商品—平均喜好度。

把 user_item_freq_cluster 表的"买家会员名"字段设置为文本类型，代码如下。

```
user_item_freq_cluster[' 买家会员名 ']=user_item_freq_cluster[' 买家会员名 '].apply(lambda x : str(x))
```

查看字段说明，看看"买家会员名"是否已经更改为文本类型，代码如下。

```
user_item_freq_cluster.info()
```

输出结果

```
<class 'pandas.core.frame.DataFrame'>
Int64Index: 15846 entries, 0 to 15845
Data columns (total 4 columns):
买家会员名   15846 non-null object
商品 ID    15846 non-null int64
购买次数    15846 non-null int64
```

类别   15846 non-null int32
dtypes: int32(1), int64(2), object(1)
memory usage: 557.1+ KB

根据"类别"和"商品ID"字段分组统计平均值，并将分组后的索引重置为字段，代码如下。

```
cluster_item_freq=user_item_freq_cluster.groupby([' 类别 ',' 商品 ID']).mean().reset_index()
cluster_item_freq.head()
```

输出结果（见图 5-33）

	类别	商品 ID	购买次数
0	0	35721027449	1.000000
1	0	35721723963	1.000000
2	0	35722000205	1.189655
3	0	35722333869	1.125000
4	0	35722423659	1.000000

图 5-33 同一类别消费者的商品喜好度聚合 1

（4）找到每一个消费者没有购买过的商品列表：消费者—未购买的商品。

查看 user_item_freq 表的数据，代码如下。

```
user_item_freq.head()
```

输出结果（见图 5-34）

	买家会员名	商品 ID	购买次数
0	0	42577833473	1
1	1	536728628605	1
2	1	545516801138	1
3	1	547644315780	1
4	1	550735773284	1

图 5-34 消费者未购买的商品

使用 pivot_table 函数创建数据透视表，行（index）设置为"买家会员名"，列（columns）设置为"商品ID"，值（values）设置为"购买次数"，代码如下。

```
user_item_all=user_item_freq.pivot_table(index=' 买家会员名 ',columns=' 商品 ID',values=' 购买次数 ').
fillna(0)
user_item_all.head()
```

输出结果（见图 5-35）

商品 ID 买家会员名	35721027449	35721723963	35722000205	35722333869	35722423659	35750823403	35753244214	35754637865	35797606083	35798309577	...	551081926272
0	0.0	0.0	0.0	0.0	0.0	0.0	0.0	0.0	0.0	0.0	...	0.0
1	0.0	0.0	0.0	0.0	0.0	0.0	0.0	0.0	0.0	0.0	·	0.0
2	0.0	0.0	0.0	0.0	0.0	0.0	0.0	0.0	0.0	0.0	...	0.0
3	0.0	0.0	0.0	0.0	0.0	0.0	0.0	0.0	0.0	0.0	...	0.0
4	0.0	0.0	0.0	1.0	0.0	0.0	0.0	0.0	0.0	0.0	...	0.0

图 5-35 数据透视表

将 user_item_all 转置一下，并把索引转变成字段，代码如下。

```
user_item_res=user_item_all.stack().reset_index()
user_item_res.rename(columns={0:' 购买次数 '},inplace=True)
user_item_res.head()
```

输出结果（见图 5-36）

	买家会员名	商品 ID	购买次数
0	0	35721027449	0.0
1	0	35721723963	0.0
2	0	35722000205	0.0
3	0	35722333869	0.0
4	0	35722423659	0.0

图 5-36 转置将索引变成字段

筛选出购买次数为 0 的数据，也就是消费者没有购买的商品，代码如下。

```
user_item_notbuy=user_item_res[user_item_res. 购买次数 ==0]
user_item_notbuy. 购买次数 .value_counts()
```

输出结果

```
0.0   876767
Name: 购买次数 , dtype: int64
```

删除"购买次数"字段，代码如下。

```
user_item_notbuy.drop(' 购买次数 ',axis=1,inplace=True)
user_item_notbuy.head()
```

输出结果（见图 5-37）

	买家会员名	商品 ID
0	0	35721027449
1	0	35721723963
2	0	35722000205
3	0	35722333869
4	0	35722423659

图 5-37 筛选消费者没有购买的商品

（5）消费者匹配类别，得到新的表"消费者—未购买过的商品—消费者所属类别"。

把 user_item_notbuy 表和 cluster 表根据"买家会员名"字段合并，代码如下。

```
user_item_notbuy_cluster=pd.merge(user_item_notbuy,cluster,on=' 买家会员名 ')
user_item_notbuy_cluster.head()
```

输出结果（见图 5-38）

	买家会员名	商品 ID	类别
0	0	35721027449	1
1	0	35721723963	1
2	0	35722000205	1
3	0	35722333869	1
4	0	35722423659	1

图 5-38 消费者—末购买的商品—消费者所属类别

（6）找到消费者没有购买过的商品，分析商品在该消费者所属的类群中的喜好度是多少。

把 user_item_notbuy_cluster 表和 cluster_item_freq 表根据"商品 ID"和"类别"字段合并，代码如下。

```
user_item_cluster_freq=pd.merge(user_item_notbuy_cluster,cluster_item_freq,how='left',on=[' 商品 ID',' 类别 ']).fillna(0)
user_item_cluster_freq.head()
```

	买家会员名	商品 ID	类别	购买次数
0	0	35721027449	1	1.000000
1	0	35721723963	1	1.029412
2	0	35722000205	1	1.458015
3	0	35722333869	1	1.160000
4	0	35722423659	1	1.000000

图 5-39　无购买商品所属类群喜好度

（7）按照类别中的喜好度进行降序排序，并推荐 Top$K$ 个消费者没有购买过的，但在该消费者类群中却十分流行的商品。

把 user_item_cluster_freq 表根据"买家会员名"进行分组，不做统计计算，根据"买家会员名"字段整理数据，等同于根据"买家会员名"字段排序，代码如下。

```
group=user_item_cluster_freq.groupby(' 买家会员名 ')
group.head
```

	买家会员名	商品 ID	类别	购买次数
0	0	35721027449	1	1.000000
1	0	35721723963	1	1.029412
2	0	35722000205	1	1.458015
268	1	35721027449	1	1.000000
269	1	35721723963	1	1.029412

图 5-40　降序排列

自定义 get_topK 函数，用于取出购买次数前 K 个记录，代码如下。

```
def get_topK(group,K):
    rec=group.sort_values(' 购买次数 ',ascending=False)[:K]
    return rec
```

取出每个消费者购买次数前 10 的记录，代码如下。

```
topK=group.apply(get_topK,K=10)
topK.head()
```

买家会员名		买家会员名	商品 ID	类别	购买次数
0	**239**	0	549882564050	1	2.888889
	119	0	538585695146	1	2.833333
	176	0	544016559367	1	2.636364
	34	0	39539028043	1	2.323529
	196	0	545957998521	1	2.085714

图 5-41 购买次数前 10 的消费者

删除多重索引中的第二个索引，代码如下。

```
topK.index=topK.index.droplevel(1)# 删除多重索引中的第二个索引
topK.head()
```

买家会员名	买家会员名	商品 ID	类别	购买次数
0	0	549882564050	1	2.888889
0	0	538585695146	1	2.833333
0	0	544016559367	1	2.636364
0	0	39539028043	1	2.323529
0	0	545957998521	1	2.085714

图 5-42 去重数据

把结果写入 CSV 文件中，代码如下。

```
topK.to_csv('rec.csv',index=False,encoding='gbk')
```

5.3 案例：基于协同过滤算法的产品推荐

协同过滤是"千人千面"的基础算法，有基于用户和基于项目（商品）两种推荐方式。

5.3.1 算法原理及案例背景

1. 算法原理

协同过滤简单来说是利用兴趣相投、拥有共同经验、相似喜好来推荐用户感兴趣的信息，个人通过合作的机制给予信息相当程度的回应（如评分）并记录下来，以达到过滤的目的，进而帮助别人筛选信息，回应不一定局限于特别感兴趣的，特别不感兴趣的信息的记录也相当重要。

（1）以用户为基础（User-based）的协同过滤。

用相似统计的方法得到具有相似爱好或者兴趣的相邻用户，所以称为以用户为基础（User-based）的协同过滤或基于邻居的协同过滤（Neighbor-based Collaborative Filtering）。

$$sim(i,j) = \frac{\sum_{x \in I_{ij}}(R_{i,x} - \overline{R}_i)(R_{j,x} - \overline{R}_j)}{\sqrt{\sum_{x \in I_{ij}}(R_{i,x} - \overline{R}_i)^2}\sqrt{\sum_{x \in I_{ij}}(R_{j,x} - \overline{R}_j)^2}}$$

该公式要计算用户 i 和用户 j 之间的相似度，I_{ij} 是代表用户 i 和用户 j 共同评价过的商品，$\overline{R}_i$ 代表用户 i 对商品 x 的评分，$\overline{R}_i$ 代表用户 i 所有评分的平均分，之所以要减去平均分是因为有的用户打分严，有的打分松，归一化用户打分，避免相互影响。

（2）以项目为基础（Item-based）的协同过滤。

以用户为基础的协同推荐算法随着用户数量的增多，计算的时间就会变长。2001 年，Sarwar 提出了基于项目的协同过滤推荐算法（Item-based Collaborative Filtering Algorithms）。以项目为基础的协同过滤方法有一个基本的假设"能够引起用户兴趣的项目，必定与其之前评分高的项目相似"，通过计算项目之间的相似性来代替用户之间的相似性。

$$sim(i,j) = \frac{\sum_{x \in U_{ij}}(r_{i,x} - \overline{r}_i)(r_{j,x} - \overline{r}_j)}{\sqrt{\sum_{x \in U_{ij}}(r_{i,x} - \overline{r}_i)^2}\sqrt{\sum_{x \in U_{ij}}(r_{j,x} - \overline{r}_j)^2}}$$

该公式要计算商品 i 和商品 j 之间的相似度，U_{ij} 是代表共同买过的商品 i 和商品 j 的用户，$r_{i,x}$ 代表用户 i 对商品 x 的评分，$\overline{r}_i$ 代表用户 i 所有评分的平均分。

2. 业务背景

业务需求：给消费者推荐商品，提高转化率。

3. 数据说明

orders.csv 文件的结构如下。

订单编号	收货人姓名	商品总数量	是否代付
买家会员名	收货地址	店铺 ID	定金排名
买家支付宝账号	运送方式	店铺名称	修改后的 SKU
买家应付货款	联系电话	订单关闭原因	修改后的收货地址
买家应付邮费	联系手机	卖家服务费	异常信息
买家支付积分	订单创建时间	买家服务费	天猫卡券抵扣
总金额	订单付款时间	发票抬头	集分宝抵扣
返点积分	商品标题	是否手机订单	是否是 O2O 交易
买家实际支付金额	商品种类	分阶段订单信息	退款金额
买家实际支付积分	物流单号	特权订金订单 id	预约门店
订单状态	物流公司	是否上传合同照片	
买家留言	订单备注	是否上传小票	

items_order.csv 文件的结构如下。

订单编号	购买数量	商品属性	备注
标题	外部系统编号	套餐信息	订单状态
价格			

items_attribute.csv 文件的结构如下。

| 商品 ID | 价格 | 适用年龄 | 品牌 |
| 标题 | 玩具类型 | | |

4. 案例实现思路

（1）准备数据。

（2）使用 sklearn.metrics.pairwise 库中的 pairwise_distances() 函数构建协同过滤模型。

5.3.2 数据准备

加载库，代码如下。

```
import pandas as pd
```

导入数据，代码如下。

```
orders = pd.read_csv("orders.csv")
items = pd.read_csv("items_order.csv")
itemProps = pd.read_csv("items_attribute.csv",encoding='gb2312')
```

把 orders 表和 items 表根据"订单编号"字段合并，代码如下。

```
orders_items = pd.merge(orders,items,on=" 订单编号 ")
```

把 orders_items 表和 itemProps 表根据 "标题" 字段合并，代码如下。

```
orders_items_props = pd.merge(orders_items,itemProps,on=" 标题 ")
```

取出 "买家会员名" 和 "商品 ID" 字段，代码如下。

```
result = orders_items_props[[" 买家会员名 "," 商品 ID"]]
```

创建 "购买次数" 字段，并初始值为 0，代码如下。

```
result[" 购买次数 "] = 0
```

根据 "买家会员名" 和 "商品 ID" 字段分组计数，并把索引重置为字段，代码如下。

```
freq = result.groupby([" 买家会员名 "," 商品 ID"]).count().reset_index()
```

创建数据透视表，行（index）设置为 "买家会员名"，列（columns）设置为 "商品 ID"，值（values）设置为 "购买次数"，代码如下。

```
freq= freq.pivot(index=" 买家会员名 ",columns=" 商品 ID",values=" 购买次数 ")
```

缺失值用数字 0 填充，代码如下。

```
freqMatrix = freq.fillna(0).values
```

5.3.3 推荐算法建模

加载库，代码如下。

```
import numpy as np
from sklearn.metrics.pairwise import pairwise_distances
```

创建预测函数 predict()，代码如下。

```
def predict(similar, base="item"):
    user_cnt = freqMatrix.shape[0]
    item_cnt = freqMatrix.shape[1]
    pred = np.zeros((user_cnt,item_cnt))
    for uid in range(user_cnt):
        for iid in range(item_cnt):
            if freqMatrix[uid,iid] == 0:
                print (uid,iid)
                pred[uid,iid] = Recommendation_s(uid,iid,similar,base=base)
    return pred
```

Recommendation_s() 是在上下文的预测函数 predict() 中调用的函数，用于对商品和用户进行评分，代码如下。

```
def Recommendation_s(uid,iid,similar,k=10,base="item"):
```

```
    score = 0
    weight = 0
    uid_action = freqMatrix[uid,:]     # 用户 uid 对所有商品的行为评分
    iid_action = freqMatrix[:,iid]     # 商品 iid 得到的所有用户评分

    if base == "item":
        iid_sim = similar[iid,:]     # 商品 iid 对所有商品的相似度
        sim_indexs = np.argsort(iid_sim)[-(k+1):-1]  # 最相似的 k 个商品的 index（除了自己）
        iid_i_mean = np.sum(iid_action)/iid_action[iid_action!=0].size
        for j in sim_indexs :
            if uid_action[j]!=0:
                iid_j_action = freqMatrix[:,j]
                iid_j_mean = np.sum(iid_j_action)/iid_j_action[iid_j_action!=0].size
                score += iid_sim[j]*(uid_action[j]-iid_j_mean)
                weight += abs(iid_sim[j])

        if weight==0:
            return 0
        else:
            return iid_i_mean + score/float(weight)
    else:
        uid_sim = similar[uid,:]     # 用户 uid 对所有用户的相似度
        sim_indexs = np.argsort(uid_sim)[-(k+1):-1]  # 最相似的 k 个用户的 index（除了自己）
        uid_i_mean = np.sum(uid_action)/uid_action[uid_action!=0].size
        for j in sim_indexs :
            if iid_action[j]!=0:
                uid_j_action = freqMatrix[j,:]
                uid_j_mean = np.sum(uid_j_action)/uid_j_action[uid_j_action!=0].size
                score += uid_sim[j]*(iid_action[j]-uid_j_mean)
                weight += abs(uid_sim[j])

        if weight==0:
            return 0
        else:
            return uid_i_mean + score/float(weight)
```

自定义 get_top10() 函数用于分组排序，代码如下。

```
def get_top10(group):
    return group.sort_values(" 推荐指数 ",ascending=False)[:10]
```

自定义 get_recom() 函数用于整理数据，输出成表格形态的数据，代码如下。

```
def get_recom(prediction):
    recom_df = pd.DataFrame(prediction,columns=freq.columns,index=freq.index)
    recom_df = recom_df.stack().reset_index()
    recom_df.rename(columns={0:" 推荐指数 "},inplace=True)
```

```
grouped = recom_df.groupby(" 买家会员名 ")
top10 = grouped.apply(get_top10)

top10 = top10.drop([" 买家会员名 "],axis=1)
top10.index = top10.index.droplevel(1)
top10.reset_index(inplace=True)
return top10
```

使用 pairwise_distances() 函数创建基于用户的距离矩阵，代码如下。

```
user_similar = 1-pairwise_distances(freqMatrix,metric="cosine")
print (user_similar)
```

输出结果

```
[[1.         0.         0.         ... 0.         0.         0.        ]
 [0.         1.         0.35355339 ... 0.         0.         0.        ]
 [0.         0.35355339 1.         ... 0.         0.         0.        ]
 ...
 [0.         0.         0.         ... 1.         0.         0.        ]
 [0.         0.         0.         ... 0.         1.         0.        ]
 [0.         0.         0.         ... 0.         0.         1.        ]]
```

使用 pairwise_distances() 函数创建基于项目的距离矩阵，代码如下。

```
item_similar = 1-pairwise_distances(freqMatrix.T,metric="cosine")
print (item_similar)
```

输出结果

```
[[1.         0.10162991 0.14666162 ... 0.         0.         0.        ]
 [0.10162991 1.         0.13084062 ... 0.         0.         0.        ]
 [0.14666162 0.13084062 1.         ... 0.         0.         0.        ]
 ...
 [0.         0.         0.         ... 1.         0.         0.        ]
 [0.         0.         0.         ... 0.         1.         0.        ]
 [0.         0.         0.         ... 0.         0.         1.        ]]
```

分别使用基于用户和项目的协同过滤模型进行预测，代码如下。

```
user_prediction = predict(user_similar, base="user")
item_prediction = predict(item_similar, base="item")

user_recom = get_recom(user_prediction)
item_recom = get_recom(item_prediction)
user_recom
```

输出结果（见图 5-43）

	买家会员名	商品 ID	推荐指数
0	0	527419046969	0.500000
1	0	538658965256	0.428571
2	0	542939108885	0.428571
3	0	547380519834	0.428571
4	0	547306204530	0.428571
5	0	536083448292	0.428571
6	0	39386028930	0.428571
7	0	543812646033	0.000000
8	0	543827067334	0.000000
9	0	543889179481	0.000000

图 5-43 算法建模 1

查看输出结果，代码如下。

```
item_recom
```

输出结果（见图 5-44）

	买家会员名	商品 ID	推荐指数
0	0	544016559367	2.158102
1	0	537396783238	1.945519
2	0	544115359956	1.830060
3	0	546275765548	0.866250
4	0	550715341924	0.783523
5	0	527419046969	0.643857
6	0	536083448292	0.617174
7	0	521019257989	0.565865
8	0	42646163798	0.469041
9	0	547794157516	0.410544

图 5-44 算法建模 2

输出的结果中包含对每个用户推荐的商品及推荐度，最后将结果保存到文件中，代码如下。

```
user_recom.to_csv("recom_top10_UBCF.csv", index=False, encoding="utf-8")
item_recom.to_csv("recom_top10_IBCF.csv", index=False, encoding="utf-8")
```

5.4　案例：消费者舆情分析

将消费者在线上留下的文字（聊天记录、评论等）进行统计分析和建模，了解消费者对品牌、商品的看法，以及消费者在需求和情感上的好恶，可以对品牌、商品的战略定位起到非常重要的作用，让运营者可以做出正确的决策。

5.4.1　案例背景及数据理解

1. 案例背景

某品牌方要进行品牌的升级改造，而且改造的任务十分紧急，要赶在行业会议之前推出新的概念商品，因此品牌方想通过消费者调研，掌握消费者对该品牌的态度，从而找出正确的改造方向。

2. 数据说明

- 评价：来自某电商平台的消费者对该品牌商品的评论。
- 词根：根据评价切分出来的最小词语单位。
- 词频：指某个词根出现的次数。

3. 案例实现思路

（1）通过情感分析提取情感得分，区分正面评价和负面评价。

（2）分别分析正面评价和负面评价的词云。

（3）通过词云掌握消费者对品牌的态度。

5.4.2　案例实现

（1）导入所需的库，代码如下。

```
# 导入库
import pandas as pd
from jieba import posseg
from wordcloud import WordCloud
from snownlp import SnowNLP
from collections import Counter
import matplotlib.pyplot as plt
```

（2）删除评论数据中此用户没有填写评价的数据，代码如下。

```
df = pd.read_excel('11.4.2 情感分析 .xlsx',sheet_name = 'data') # 相对路径打开文件
data = df[' 评价 ']
data = df[' 评价 '][-df. 评价 .isin([' 此用户没有填写评价。'])]
OUT:
```

输出结果（见图 5-45）

0	很好喝的绿茶，多次购买，茶叶新鲜、味道足，比实体店买的好喝些。此款茶叶的味道比黑色袋子的略淡...
1	拿到茶叶就迫不及待的泡开喝了。首先让我感到惊喜的就是拆开包装的那一瞬间，飘出来一股清淡却又十...
2	特别愉快的体验。会继续购买
3	不怎么样，茶叶档次低，跟宣传的差距太大，上当了，赠送的静心还可以
4	茶叶的质量很好，物流速度也快，就是价格有点偏高。
	...
3461	茶叶相当可以，就是有点贵，7.5一开？？？
3462	很好
3463	东西不错 爸爸喝的 说是还不错 看茶叶确实立起来了
3464	东西很好，不错，但是物流太慢了，平生第一次，顺丰快递，14号发货，20号收货！
3465	真的很好！！一直喝这个，双11价格给力！！ 很好！！！

图 5-45 评论筛选

（3）对评论数据进行情感分析，并根据情感得分，区别正面评价和负面评价，合并文本，代码如下。

```
good = "
bad ="
for i in data:
    s = SnowNLP(str(i))
    text = s.sentiments
    print(i,text)
    if text >=0.5:# 根据得分区分正面评价与负面评价
        good += str(i)# 筛选出正面评价并合并
    else:
        bad += str(i)# 筛选出负面评价并合并
print(' 正面评价 :',good)
print(' 负面评价 :',bad)
```

输出结果（见图 5-46 和图 5-47）

很好喝的绿茶，多次购买，茶叶新鲜、味道足，比实体店买的好喝些。此款茶叶的味道比黑色袋子的略淡些
拿到茶叶就迫不及待的泡开喝了。首先让我感到惊喜的就是拆开包装的那一瞬间，飘出来一股清淡却又十分
特别愉快的体验。会继续购买 0.830019142402778
不怎么样，茶叶档次低，跟宣传的差距太大，上当了，赠送的静心还可以 0.0005969076504210857
茶叶的质量很好，物流速度也快，就是价格有点偏高。 0.875232171425269
小杯子有点小 0.3524443730124708
今天收到了，今天就开始喝了，味道还不错，是在成都买的一个味道，正品无疑！ 0.839910789963029
这次的茶叶质量没有上次好，一粒粒都是扁扁的，颜色也有带点黄，味道是没变，希望卖家给个解释，找客
感觉确是春茶，茶香四溢！6袋都是一样的，这个价位很值！ 0.9965171249851092
非常好！一定再次购买 0.6796327931940378

图 5-46 评论情感得分

正面评价：　很好喝的绿茶，多次购买，茶叶新鲜、味道足，比实体店买的好喝些。此款茶叶的味道比黑色袋子的略淡些，性价比高。拿到茶叶……

负面评价：　不怎么样，茶叶档次低，跟宣传的差距太大，上当了，赠送的静心还可以小杯子有点小这次的茶叶质量没有上次好，一粒粒都是扁……

图5-47　正面评价与负面评价

（4）将正面评价和负面评价进行分词—筛选—计数，代码如下。

```
goodwords = [w for w,f in posseg.cut(good) if f[0]!='r' and len(w)>1 and f[0]!='a' and f[0]!='d']
badwords = [w for w,f in posseg.cut(bad) if f[0]!='r' and len(w)>1 and f[0]!='a' and f[0]!='d']
c1 = Counter(goodwords)
c2 = Counter(badwords)
print(c1)
print(c2)
```

输出结果（见图5-48）

```
Counter({'味道': 294, '茶叶': 215, '喜欢': 212, '竹叶青': 196, '双十': 180, '好喝': 160, '价格': 148,
Counter({'茶叶': 228, '没有': 192, '评价': 137, '用户': 120, '填写': 120, '味道': 112, '好评': 105, '
```

图5-48　正面评价与负面评价的分词结果

（5）绘制词云图，代码如下。

```
w1 = WordCloud(font_path = 'C:/Windows/Fonts/simhei.ttf',
        background_color='white',
        scale=5,
        width=900, height=600,
        max_font_size=200,
        min_font_size=3,
        random_state=50)
w2 = WordCloud(font_path = 'C:/Windows/Fonts/simhei.ttf',
        background_color='white',
        scale=5,
        width=900, height=600,
        max_font_size=200,
        min_font_size=3,
        random_state=50)
p1 = w1.generate_from_frequencies(dict(c1))
p2 = w2.generate_from_frequencies(dict(c2))
plt.imshow(p1)
plt.axis('off')
plt.show()
plt.imshow(p2)
plt.axis('off')
plt.show()
```

输出结果（见图5-49和图5-50）

图 5-49 正面评价词云图

图 5-50 负面评价词云图

6

Python与销售预测案例

销售预测是指根据以往的销售情况以及使用系统内部内置或用户自定义的销售预测模型获得的对未来销售情况的预测。销售预测可以直接生成同类型的销售计划。销售计划的中心任务之一就是销售预测，无论企业的规模大小、销售人员的多少，销售预测影响到包括计划、预算和销售额确定在内的销售管理的各方面工作。

6.1 案例：基于业务逻辑的预测算法模型

通过销售预测可以调动销售人员的积极性，促使产品尽早实现销售，以完成使用价值向价值的转变。

6.1.1 案例背景及数据理解

1. 案例背景

运营人员经常要预估店铺的销售额，用预估的销售额来做计划，一般运营人员会使用同比、环比的方式来预估销售额。

业务需求：预估第 2 天的销售额，以便做日计划。

2. 数据说明

本节提供了某类目下行业近 3 年的交易额数据和同比、环比的增长数据，数据都在一张表格中，表格的格式是 XLS。还提供了在该类目下某店铺近一个月每日的交易额数据，数据来自生意参谋后台导出的表格，表格的格式是 XLS。

3. 案例实现思路

（1）计算去年同期市场的增幅。

（2）使用店铺的销售额乘去年同期市场的增幅来预测近期数据。

6.1.2 案例实现

具体实现代码如下。

```
# 加载库
import pandas as pd
import datetime
from dateutil.relativedelta import relativedelta

# 文件路径为相对路径
market = pd.read_excel(' 生参 _ 市场 _ 行业大盘 .xls')
shop = pd.read_excel(' 店铺交易报表 .xls')
market = market[[' 日期 ',' 环比增长 ',' 同比增长 ',' 转化率趋势 ']]
shop = shop[[' 店铺名 ',' 统计日期 ',' 访客数 ',' 支付买家数 ',' 支付金额 ']]
```

```
now = shop.groupby(' 店铺名 ').max()

for i in now[' 统计日期 ']:
    # 获取当前店铺数据最新一天的日期
    date = datetime.datetime.strptime(i, "%Y-%m-%d")
    # 获取当前店铺数据最新一天的日期的第二天日期
    date2 = date + datetime.timedelta(days=1)
    # 获取去年同期市场的销售额环比增长和转化率趋势
    date3 = (date2 - relativedelta(years=1)).strftime('%Y-%m-%d')
    data = market[market[' 日期 '] == date3]
    a = float(data.get(' 环比增长 ')) + 1
    # 获取店铺最新一天的销售额
    shopdata = shop[shop[' 统计日期 '] == date.strftime('%Y-%m-%d')]
    money = float(shopdata.get(' 支付金额 '))

    print(' 根据上一年市场的销售额变化预测店铺未来的销售额 ')
    print(' 当天的销售额为 :',money,' 元 ')
    print(' 预测第二天的销售额为 :',money*a,' 元 ')
```

输出结果

根据上一年市场的销售额变化预测店铺未来的销售额
当天的销售额为 : 1001.05 元
预测第二天的销售额为 : 1093.647125 元

6.2 案例：基于时序算法预测库存

时间序列可以用于连续数据的预测，是一种基本的预测方法，预测时可以和其他方法一起使用，对预测结果进行补充。

6.2.1 算法原理及案例背景

1. 算法原理

时间序列法是一种统计分析方法，在营销工作中根据一定时间的数据序列预测未来的发展趋势，也称为时间序列趋势外推法。这种方法适合预测处于连续过程中的事物。它需要有若干年的数据资料，按时间排列成数据序列，其变化趋势和相互关系要明确和稳定。供预测用的历史数据资料的变化可以表现出比较强的规律性，由于它过去的变动趋势将会连续到未来，这样就可以直接利用过去的变动趋势预测未来。但多数的历史数据由于受偶然性因素的影响，其变化不太规则。利用这些资料时，要消除偶然性因素的影响，把时间序列作为随机变量序列，采用算术平均、加权平均和指数平均等来减少偶然因素，提高预测的准确性。常用的时间序列法有移动平均法、加权移动平均法和指数平均法。

ARIMA 模型（AutoRegressive Integrated Moving Average model）是差分整合移动平均自回归模型，又称为整合移动平均自回归模型（移动也可称作滑动），是时间序列预测分析方法之一。在 ARIMA（p,d,q）中，AR 是"自回归"，p 为自回归项数，MA 为"滑动平均"，q 为滑动平均项数，d 为使之成为平稳序列所做的差分次数（阶数）。"差分"一词虽未出现在 ARIMA 的英文名称中，却是关键步骤。

ARIMA(p,d,q)模型是 ARMA(p,q)模型的扩展。ARIMA(p,d,q)模型可以表示为：

$$\left(1 - \sum_{i=1}^{P} \phi_i L^i\right)(1-L)^d X_t = \left(1 + \sum_{i=1}^{q} \theta_i L^i\right)\varepsilon_t$$

其中，L 是滞后算子（Lag operator）。

2. 案例背景

每年的双十一，都是对电商行业的一次考验。往往考验的是电商企业接单、打包的能力，物流公司人员配置是否充分等。当以上两点对于客户购物体验的提升达到阈值时，考验的就是品牌和平台能否对供应链进行合理的调控，通过对库存和线上线下的协调减轻物流压力。

这也是商业智能分析中的"终极问题"——销售预测。

在销售、市场和运营工作中，销售预测无处不在。往大了说，销售预测影响着企业的整体规划；往小了说，销售预测影响着企业每一次营销活动的成本投入。

在零售行业中，销售预测的重要性更加凸显。我们知道，零售行业的收益如何，取决于供应链能否良好的运转：没有库存的压力也没有缺货的现象、不同的商品都被储存在自己销售情况最好区域的仓库中、新商品的生产和旧商品的售卖能形成衔接。

3. 分析目的

预测该公司在未来的一年（2018 年）中每个店铺、每个品类、每个月的销售情况。从而让公司对每个店铺、每个品类的配货提供强有力的指导。

4.　数据说明

train 文件中的数据是该公司所有零售商从 2013 年至 2017 年所有的销售数据，该公司有 10 个店铺，50 个品类。

- date：销售日期
- store：店铺编号
- item：产品类别编号
- sales：产品当日销量

5.　案例实现思路

（1）对数据进行检查，确保可以使用时序算法。

（2）使用 arima() 函数对该公司汇总的数据进行预测。

（3）使用 for 循环对该企业所有的商品进行预测。

6.2.2　数据及时序检查

1.　导入源数据

parse_dates 解析为时间索引。low_memory 是一个布尔值（boolean），默认值为 True，表示分块加载到内存，在低内存消耗中进行解析。但是这种方式可能出现类型混淆，确保类型不被混淆需要设置为 False，或者使用 dtype 参数指定类型，代码如下。

```
import pandas as pd
import warnings
warnings.filterwarnings('ignore')

df_raw = pd.read_csv("train.csv", low_memory=False, parse_dates=['date'], index_col=['date'])
```

2.　数据检查及时序检查

先简单地观察数据，了解数据的结果，以及数据是否规整。

观察数据，代码如下。

```
df_raw.head()
```

观察数据的字段信息，代码如下。

```
df_raw.info()
```

检查时间序列的季节性，输入值必须是 float type（小数形式），代码如下。

```
df_raw['sales'] = df_raw['sales'] * 1.0
# 选取几个示例店铺的销售数据进行预测（可以使用 for 循环，把所有店铺都添加进来）
sales_a = df_raw[df_raw.store == 2]['sales'].sort_index(ascending = True)
sales_b = df_raw[df_raw.store == 3]['sales'].sort_index(ascending = True)
sales_c = df_raw[df_raw.store == 1]['sales'].sort_index(ascending = True)
sales_d = df_raw[df_raw.store == 4]['sales'].sort_index(ascending = True)
```

画出时序图，代码如下。

```
import matplotlib.pyplot as plt
sales_a.resample('W').sum().plot()
```

平稳序列的时序图在一个常数附近波动，而且波动范围有界。

输出结果（见图 6-1）

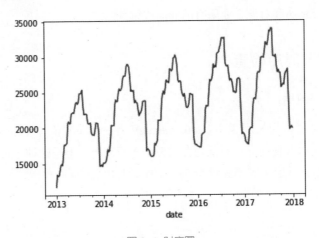

图 6-1　时序图

通过输出的时序图可以看出数据有明显的趋势性、周期性，不是非平稳序列。

平稳序列具有短期相关性，随着延迟期数的增加，平稳序列的自相关系数会较快地衰减并趋向于零，并在零附近随机波动，代码如下。

```
from statsmodels.graphics.tsaplots import plot_acf
plot_acf(sales_a.resample('W').sum());#MS 月
```

输出结果（见图6-2）

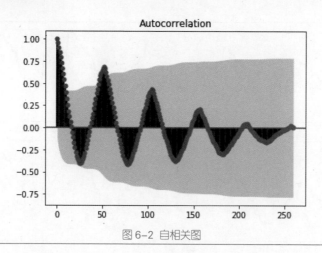

图6-2　自相关图

　　把 sales_a、sales_b、sales_c 和 sales_d 的时序图绘制在一张画布中，代码如下。

```
f, (ax1, ax2, ax3, ax4) = plt.subplots(4, figsize = (12, 13))
c = '#386B7F'# 线条的颜色编号
```

　　按周（'W'）对数据重采样，对加总值绘制折线图，resample() 函数用来对原始数据采样，如果调整成每 3 分钟重采样一次，那么输入的不是 'W' 而是 '3T'，代码如下。

```
sales_a.resample('W').sum().plot(color = c, ax = ax1)
sales_b.resample('W').sum().plot(color = c, ax = ax2)
sales_c.resample('W').sum().plot(color = c, ax = ax3)
sales_d.resample('W').sum().plot(color = c, ax = ax4)
plt.show()
```

输出结果（见图 6-3）

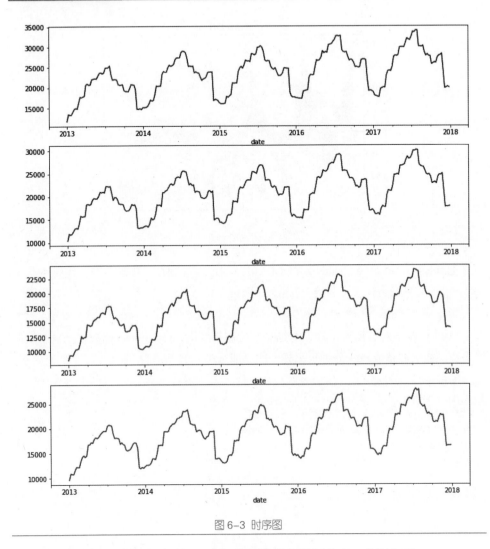

图 6-3 时序图

利用统计模型进行线性回归，先加载线性回归模型的库，代码如下。

```
import statsmodels.api as sm# 利用统计模型进行线性回归
```

按年加总绘制，所有店铺的可视化图形都是一样的，代码如下。

```
f, (ax1, ax2, ax3, ax4) = plt.subplots(4, figsize = (12, 13))
decomposition_a = sm.tsa.seasonal_decompose(sales_a, model = 'additive', freq = 365)
decomposition_a.trend.plot(color = c, ax = ax1)
decomposition_b = sm.tsa.seasonal_decompose(sales_b, model = 'additive', freq = 365)
decomposition_b.trend.plot(color = c, ax = ax2)
```

```
decomposition_c = sm.tsa.seasonal_decompose(sales_c, model = 'additive', freq = 365)
decomposition_c.trend.plot(color = c, ax = ax3)
decomposition_d = sm.tsa.seasonal_decompose(sales_d, model = 'additive', freq = 365)
decomposition_d.trend.plot(color = c, ax = ax4)
plt.show()
```

输出结果（见图6-4）

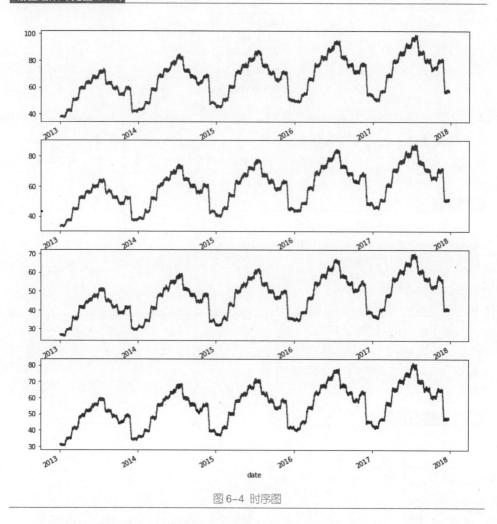

图6-4　时序图

我们可以从中发现非常明显的季节性。

把店铺和品类消除，只观察时间与销售额的关系，代码如下。

```
date_sales = df_raw.drop(['store','item'], axis=1).copy()
```

这是一个临时数组，原来的数组 dr_raw 没有受到影响，代码如下。

```
date_sales.head()
```

	sales
date	
2013-01-01	13.0
2013-01-02	11.0
2013-01-03	14.0
2013-01-04	13.0
2013-01-05	10.0

图 6-5 时间与销售额数组

观察 date_sales 表的字段信息，确定 sales 的类型为 float，代码如下。

```
date_sales.info()
```

```
<class 'pandas.core.frame.DataFrame'>
DatetimeIndex: 913000 entries, 2013-01-01 to 2017-12-31
Data columns (total 1 columns):
sales    913000 non-null float64
dtypes: float64(1)
memory usage: 13.9 MB
```

画出时序图，代码如下。

```
y = date_sales['sales'].resample('MS').sum() # 每月销售的总和
y.plot(figsize=(15, 6))# 绘制月均销售数据图
plt.show()
```

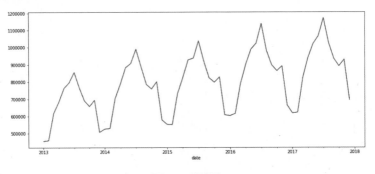

图 6-6 趋势图

可以发现季节性波动，在每年的年末销售量最低，在年中销售量最高。

为了进一步探究数据情况，可以对数据进行时间序列的分解，分解为趋势、季节性和误差，这里使用 statsmodels 库可以非常方便地完成这一工作。

使用加法（additive）模型分解时间序列，代码如下。

```
# 加法模型
decomposition = sm.tsa.seasonal_decompose(y, model='additive')
decomposition.plot()
```

输出结果（见图 6-7）

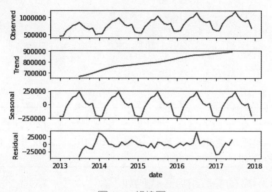

图 6-7 趋势图 1

使用乘法（multiplicative）模型分解时间序列，代码如下。

```
# 乘法模型
decomposition = sm.tsa.seasonal_decompose(y, model='multiplicative')
decomposition.plot()
```

输出结果（见图 6-8）

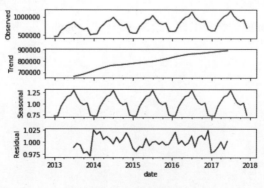

图 6-8 趋势图 2

6.2.3 时间序列建模

建立 ARIMA 模型，我们使用常见的时间序列模型 ARIMA(p,d,q) 来进行预测。

ARIMA 是指将非平稳时间序列转化为平稳时间序列，然后将因变量对它的滞后值，以及随机误差项的现值和滞后值进行回归所建立的模型，其中 p,d,q 分别代表数据中的季节性、趋势和噪声。AR 代指 Auto-Regressive (p)：p 是指 lags 滞后的阶数，例如 $p=3$，那么我们会用 $x(t\text{-}1)$、$x(t\text{-}2)$ 和 $x(t\text{-}3)$ 来预测 $x(t)$。I 代指 Integrated (d)：代表非季节性的差异，例如在这个案例中，我们使用了一阶差分，所以我们让 $d=0$。MA 代指 Moving Averages (q)：代表预测中滞后的预测误差，代码如下。

```
import itertools #itertools 是用于高效循环的迭代函数集合
p = d = q = range(0, 3)
pdq = list(itertools.product(p, d, q))# 对 p,d,q 的所有可能取值，进行配对组合
print(pdq)
```

输出结果

[(0, 0, 0), (0, 0, 1), (0, 0, 2), (0, 1, 0), (0, 1, 1), (0, 1, 2), (0, 2, 0), (0, 2, 1), (0, 2, 2), (1, 0, 0), (1, 0, 1), (1, 0, 2), (1, 1, 0), (1, 1, 1), (1, 1, 2), (1, 2, 0), (1, 2, 1), (1, 2, 2), (2, 0, 0), (2, 0, 1), (2, 0, 2), (2, 1, 0), (2, 1, 1), (2, 1, 2), (2, 2, 0), (2, 2, 1), (2, 2, 2)]

生成指定周期为 12 的参数组合，代码如下。

```
seasonal_pdq = [(x[0], x[1], x[2], 12) for x in list(itertools.product(p, d, q))]
print(seasonal_pdq)
```

输出结果

[(0, 0, 0, 12), (0, 0, 1, 12), (0, 0, 2, 12), (0, 1, 0, 12), (0, 1, 1, 12), (0, 1, 2, 12), (0, 2, 0, 12), (0, 2, 1, 12), (0, 2, 2, 12), (1, 0, 0, 12), (1, 0, 1, 12), (1, 0, 2, 12), (1, 1, 0, 12), (1, 1, 1, 12), (1, 1, 2, 12), (1, 2, 0, 12), (1, 2, 1, 12), (1, 2, 2, 12), (2, 0, 0, 12), (2, 0, 1, 12), (2, 0, 2, 12), (2, 1, 0, 12), (2, 1, 1, 12), (2, 1, 2, 12), (2, 2, 0, 12), (2, 2, 1, 12), (2, 2, 2, 12)]

导入 acf 和 pacf 图的绘制工具，绘制多组子图 subplot。

注意：其中各个参数也可以用逗号分隔开。第 1 个参数代表子图的行数；第 2 个参数代表该行图像的列数；第 3 个参数代表每行的第几个图像，代码如下。

```
from statsmodels.graphics.tsaplots import plot_acf, plot_pacf
plt.figure(figsize = (12, 16))
# acf and pacf for A
plt.subplot(421);
plot_acf(sales_a, lags = 50, ax = plt.gca(), color = c);
plt.subplot(422);
plot_pacf(sales_a, lags = 50, ax = plt.gca(), color = c);
# acf and pacf for B
plt.subplot(423);
plot_acf(sales_b, lags = 50, ax = plt.gca(), color = c);
plt.subplot(424);
plot_pacf(sales_b, lags = 50, ax = plt.gca(), color = c);
# acf and pacf for C
plt.subplot(425); plot_acf(sales_c, lags = 50, ax = plt.gca(), color = c);
plt.subplot(426); plot_pacf(sales_c, lags = 50, ax = plt.gca(), color = c);

# acf and pacf for D
plt.subplot(427); plot_acf(sales_d, lags = 50, ax = plt.gca(), color = c);
plt.subplot(428); plot_pacf(sales_d, lags = 50, ax = plt.gca(), color = c);
```

上述代码输出之后的图形展示了时间序列是有自相关性的。

由于有些组合不能收敛，所以使用 try-except 来寻找最佳的参数组合，需要数分钟的时间运行，可以使用"网格搜索"来迭代地探索参数的不同组合。

对于参数的每个组合，可以使用 statsmodels 模块的 SARIMAX 函数拟合一个新的季节性 ARIMA 模型，并评估其整体质量。一旦探索了参数的整个范围，产生最佳性能的参数将是我们感兴趣的。

输出结果（见图6-9）

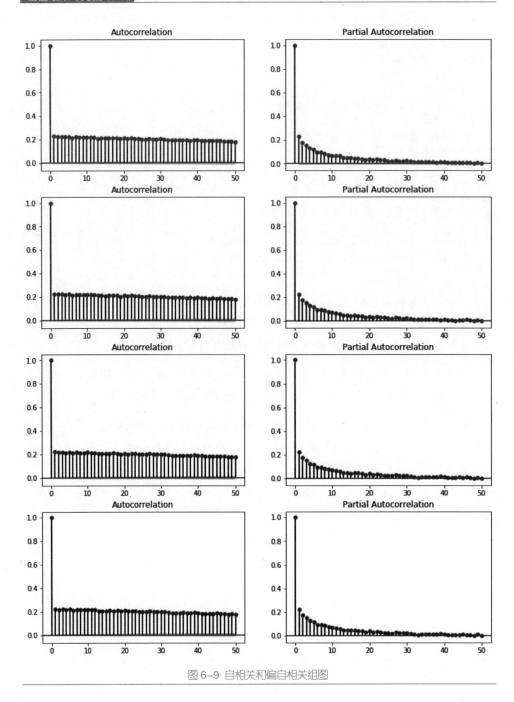

图6-9 自相关和偏自相关组图

我们来生成希望评估的各种参数组合，代码如下。

```
cnt = 0
for param in pdq:
    for param_seasonal in seasonal_pdq:
        try:
            mod = sm.tsa.statespace.SARIMAX(y,
                            order=param,
                            seasonal_order=param_seasonal,
                            enforce_stationarity=False,
                            enforce_invertibility=False)
            results = mod.fit()
            cnt += 1
            if cnt % 50 :
                print('Current Iter - {}, ARIMA{}x{} 12 - AIC:{}'.format(cnt, param, param_seasonal, results.
aic))
        except:
            continue
```

输出结果

```
Current Iter - 1, ARIMA(0, 0, 0)x(0, 0, 0, 12) 12 - AIC:1775.9743967500065
Current Iter - 2, ARIMA(0, 0, 0)x(0, 0, 1, 12) 12 - AIC:1386.8929242855068
Current Iter - 3, ARIMA(0, 0, 0)x(0, 1, 0, 12) 12 - AIC:1179.6266962860743
......
```

保存最佳模型、AIC、参数。根据上面的结果，我们可以发现最小 AIC 的参数是 SARIMAX(2, 0, 1)x(2, 2, 0, 12)。当然，以下这些也都可以作为备用的参数考虑。

```
ARIMA(0, 0, 0)x(2, 2, 0, 12)12 - AIC:28.152584128715233
ARIMA(0, 0, 1)x(2, 2, 0, 12)12 - AIC:21.20352160942468
ARIMA(0, 0, 2)x(2, 2, 0, 12)12 - AIC:18.308712222027623
ARIMA(1, 0, 1)x(2, 2, 0, 12)12 - AIC:18.039431593093965
ARIMA(1, 0, 2)x(2, 2, 0, 12)12 - AIC:17.583895110587616
ARIMA(2, 0, 1)x(2, 2, 0, 12)12 - AIC:17.435499462373613
ARIMA(2, 0, 2)x(2, 2, 0, 12)12 - AIC:17.473412955915293
```

使用最优参数进行模型拟合，代码如下。

```
mod = sm.tsa.statespace.SARIMAX(y,
                    order=(2, 0, 1),
                    seasonal_order=(2, 2, 0, 12),
                    enforce_stationarity=False,
                    enforce_invertibility=False)
results = mod.fit()
print(results.summary().tables[1])# 拟合结果展示
```

输出结果

```
================================================================
==========
            coef    std err      z     P>|z|    [0.025    0.975]
----------------------------------------------------------------
ar.L1     -1.5232    4.327    -0.352   0.725   -10.004    6.957
ar.L2     -0.8245    3.681    -0.224   0.823    -8.039    6.390
ma.L1      1.1572    0.732     1.581   0.114    -0.278    2.592
ar.S.L12  -1.2784    5.005    -0.255   0.798   -11.087    8.530
ar.S.L24  -0.1348    2.464    -0.055   0.956    -4.964    4.694
sigma2   5.537e+08  2.12e-09  2.62e+17  0.000  5.54e+08  5.54e+08
================================================================
==========
```

使用上述模型参数进行预测，代码如下。

```
pred = results.get_prediction(start=pd.to_datetime('2017-01-01'), dynamic=False)
pred_ci = pred.conf_int()# 置信区间的公式
```

绘制结果图，代码如下。

```
ax = y['2014':].plot(label='observed')
pred.predicted_mean.plot(ax=ax, label='One-step ahead Forecast', alpha=.7, figsize=(10, 6))
ax.fill_between(pred_ci.index,
          pred_ci.iloc[:, 0],
          pred_ci.iloc[:, 1], color='k', alpha=.2)
ax.set_xlabel('Date')
ax.set_ylabel('Sales')
plt.legend()
plt.show()
```

输出结果（见图 6-10）

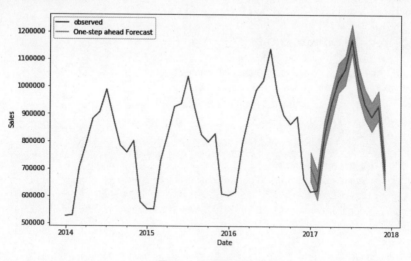

图 6-10 预测结果图

可见拟合的结果还不错。

6.2.4 循环迭代的 ARIMA 模型

我们拟合的是这家公司全部的销售数据，但是对于一家拥有 10 个店铺、50 个品类的零售企业来说，只有详细地预测每一类商品在每个店铺的销售情况，才能指导这家公司进行库存管理。

创建一个空列表，在循环预测中，最后导入预测结果时使用，代码如下。

```
subs_add = pd.DataFrame({'month':[],'sales_forecast':[],'item':[],'store':[]})
import itertools #itertools 是用于高效循环的迭代函数集合
```

设置参数范围，代码如下。

```
p = d = q = range(0, 3)
pdq = list(itertools.product(p, d, q))# 对 p,d,q 的所有可能取值，进行配对组合
seasonal_pdq = [(x[0], x[1], x[2], 12) for x in list(itertools.product(p, d, q))]
```

自定义得到最佳参数的函数，代码如下。

```
def param_func(y):
    cnt = 0
    pdq_test =[]
    seasonal_pdq_test =[]
    AIC = []
```

```
for param in pdq:
    for param_seasonal in seasonal_pdq:
        try:
            mod = sm.tsa.statespace.SARIMAX(y,
                            order=param,
                            seasonal_order=param_seasonal,
                            enforce_stationarity=False,
                            enforce_invertibility=False)
            results = mod.fit()
            cnt += 1
            if cnt % 50 :
                pdq_test.append(param)
                seasonal_pdq_test.append(param_seasonal)
                AIC.append(results.aic)
                #print('Current Iter - {}, ARIMA{}x{} 12 - AIC:{}'.format(cnt, param, param_seasonal,
results.aic))
        except:
            continue
    v = AIC.index(min(AIC))
    pdq_opt = pdq_test[v]
    seasonal_pdq_opt = seasonal_pdq_test[v]
    param_opt = [pdq_opt,seasonal_pdq_opt]
    return param_opt
```

自定义得到预测结果，并添加至 subs_add，代码如下。

```
def forecast_func(y):
    param_opt = param_func(y)
    pdq_opt = param_opt[0]
    seasonal_pdq_opt = param_opt[1]
    #print(' 开始拟合模型第 {}, {} 次 '.format(m,n))
    # 使用最优参数进行模型拟合
    mod = sm.tsa.statespace.SARIMAX(y,
                    order=pdq_opt,
                    seasonal_order=seasonal_pdq_opt,
                    enforce_stationarity=False,
                    enforce_invertibility=False)
    results = mod.fit()
```

这里的 get_forecast() 是外推 N 步预测，get_prediction() 是按照时间点要求，对数据进行预测，代码如下。

```
pred_forecast = results.get_forecast(steps=12)
forecast = pred_forecast.predicted_mean
```

forecast 的数据类型为 pandas.core.series.Series，为了后续操作方便，我们将其转换为 Pandas DataFrame，代码如下。

```
dict_f = {'month':forecast.index,'sales_forecast':forecast.values}# 先将数据转换为字典
df_forecast = pd.DataFrame(dict_f)# 转换数据类型为 DataFrame
```

在 DataFrame（数据框）中添加"item"和"store"列，赋值与循环到的 m, n 值一致，代码如下。

```
df_forecast['item'] = m
df_forecast['store'] = n
```

在最终结果列表中，按行添加最终预测结果，代码如下。

```
global subs_add
subs_add.append(df_forecast,ignore_index=True)
```

需要赋值给 subs_add，否则数据没有写入的对象，代码如下。

```
subs_add = subs_add.append(df_forecast,ignore_index=True)
return subs_add
```

使用 for 循环，依次得到所有 item(m) 和 store(n) 组合下的销量预测。

运行单次一般需要数分钟时间，若运行 50×10 次，则意味着需要数百分钟（至少 5 个小时以上），为了方便观察，我们把下面的 m in range(1,51) 改为 m in range(1,3)，把 n in range(1,11) 改为 n in range(4,6)，这样调整后的运行时间会缩短到 10 分钟左右，代码如下。

```
pair= []#
for m in range(1,3):
    for n in range(4,6): # 封装多个变量的循环
        df = df_raw.query('item == {} & store == {}'.format(m,n))
        y = df['sales'].resample('MS').sum()
        print(' 开始参数测算第 {}, {} 次 '.format(m,n))
        df_forecast = forecast_func(y)
        pair.append([m,n])
```

观察 pair，检查是否所有配对的（m,n）都已完成。

```
print(pair)
```

输出结果

```
[[1, 4], [1, 5], [2, 4], [2, 5]]
```

检查列表结果的格式，代码如下。

```
subs_add.head()
```

输出结果（见图 6-11）

	month	sales_forecast	item	store
0	2018-01-01	678.425669	1.0	4.0
1	2018-02-01	675.171254	1.0	4.0
2	2018-03-01	842.647677	1.0	4.0
3	2018-04-01	1123.126602	1.0	4.0
4	2018-05-01	1089.703920	1.0	4.0

图 6-11 循环迭代的 AROMA 模型 1

保证店铺和商品编号为整数，转换成 int 类型，代码如下。

```
subs_add['item'] = subs_add['item'].astype('int')
subs_add['store'] = subs_add['store'].astype('int')
```

打印所有店铺各类商品的销售情况，代码如下。

```
print(subs_add)
```

输出结果

```
   month      sales_forecast  item  store
0  2018-01-01   678.425669      1     4
1  2018-02-01   675.171254      1     4
2  2018-03-01   842.647677      1     4
3  2018-04-01   1123.126602     1     4
......
```

将预测结果保存为本地 CSV 文件，代码如下。

```
subs_add.to_csv('Result.csv')
```

上面这种循环的方法，效率其实较低，所以大家往往会使用更有效率的机器学习算法来替代。

机器学习本质上是学习特征（feature）和结果变量之间的关系，但是我们所拥有的训练数据中，只有 date、item、sales 几个特征变量，并不够充分，所以在处理前，我们往往会从日期中提取更多信息，比如这一天是一周的第几天、这一周是这年的第几周。为了让日期成为一个变量列，可以使用 reset_index() 函数，重新进行索引，drop 为 False 时，则索引列会被还原为普通列，否则会丢失，代码如下。

```
df_fe = df_raw.reset_index(drop=False)
df_fe.head()
```

输出结果（见图6-12）

	date	store	item	sales
0	2013-01-01	1	1	13.0
1	2013-01-02	1	1	11.0
2	2013-01-03	1	1	14.0
3	2013-01-04	1	1	13.0
4	2013-01-05	1	1	10.0

图 6-12 循环迭代的 ARIMA 模型 2

提取日期特征，代码如下。

```
# 提取日期特征
df_fe['dayofmonth'] = df_fe.date.dt.day
df_fe['dayofyear'] = df_fe.date.dt.dayofyear## 数据 DF. 列 .dt.dayoftyear 转换为是一年中的哪一天
df_fe['dayofweek'] = df_fe.date.dt.dayofweek
df_fe['month'] = df_fe.date.dt.month
df_fe['year'] = df_fe.date.dt.year
df_fe['weekofyear'] = df_fe.date.dt.weekofyear
df_fe['is_month_start'] = (df_fe.date.dt.is_month_start).astype(int)
df_fe['is_month_end'] = (df_fe.date.dt.is_month_end).astype(int)

df_fe.head()
```

输出结果（见图6-13）

	date	store	item	sales	dayofmonth	dayofyear	dayofweek	month	year	weekofyear	is_month_start	is_month_end
0	2013-01-01	1	1	13.0	1	1	1	1	2013	1	1	0
1	2013-01-02	1	1	11.0	2	2	2	1	2013	1	0	0
2	2013-01-03	1	1	14.0	3	3	3	1	2013	1	0	0
3	2013-01-04	1	1	13.0	4	4	4	1	2013	1	0	0
4	2013-01-05	1	1	10.0	5	5	5	1	2013	1	0	0

图 6-13 循环迭代的 ARIMA 模型 3

这样可以更好地体现销量时间序列的季节性、趋势性等特征。我们把这个过程称为特征工程（Feature Engineering，FE），在完成 FE 过程后，再考虑使用 XGBoost 等流行的算法进行处理。

6.3 案例：电商的库存预测算法建模

想要维持销售的稳定，销售预测型企业对销售的商品必须保持一定数量的库存，其目的是应付市场的销售变化。

6.3.1 算法原理及案例背景

1. 算法原理

要预测商品的补货周期，我们要先算出上一个周期的销量，再将当前库存减去上一个周期的销量。当库存充足时，我们把当前库存除以上一个周期的销量，再乘补货周期的天数可以算出几个周期以后需要补货。当库存不足时，我们要进行补货，补货量的多少是上一个周期的销量减去当前库存量再加上一个补货周期的销量。

2. 数据说明

库存预测算法模型需要准备好三大类数据：

- 订单报表数据。
- 商品报表数据。
- 库存表数据。

我们把准备好的数据保存在 MySQL 数据库中，3 张表的结构如图 6-14 ~ 图 6-16 所示。

名	类型
订单编号	varchar
买家会员名	varchar
买家应付货款	varchar
买家应付邮费	varchar
买家支付积分	varchar
总金额	varchar
返点积分	varchar
买家实际支付金额	varchar
买家实际支付积分	varchar
订单状态	varchar
买家留言	varchar
收货地址	varchar
运送方式	varchar
订单创建时间	varchar
订单付款时间	varchar
商品种类	varchar
商品总数量	varchar
订单关闭原因	varchar
卖家服务费	varchar
买家服务费	varchar

图 6-14 订单报表

订单编号	价格	购买数量	外部系统编号	商品属性	套餐信息	备注	订单状态	商家编码
=2661701277285731	399.00	1	4560264293380				卖家已发货，等待买家确认	4560264293380
=2544506902370079	399.00	1	4560264293380				卖家已发货，等待买家确认	4560264293380
=2544506902370079	170.00	1	9311770589994				卖家已发货，等待买家确认	9311770589994
=2544063131745362	399.00	1	4560264293380				卖家已发货，等待买家确认	4560264293380
=2544078140524967	399.00	1	4560264293380				卖家已发货，等待买家确认	4560264293380
=2542198086614783	399.00	2	4560264293380				卖家已发货，等待买家确认	4560264293380
=2661142042706821	399.00	2	4560264293380				卖家已发货，等待买家确认	4560264293380
=2288117772261851	399.00	1	4560264290334				卖家已发货，等待买家确认	4560264290334
=2661004643450422	175.00	1	9311770591690				等待买家付款	9311770591690
=2660814873480422	175.00	1	9311770591690				等待买家付款	9311770591690
=2660484034493106	399.00	1	4560264293380				卖家已发货，等待买家确认	4560264293380
=2541451124027461	238.00	1	4987049212617				卖家已发货，等待买家确认	4987049212617
=2287934384094753	329.00	1	ecms-tz-001043				卖家已发货，等待买家确认	ecms-tz-001043
=2287919183744753	329.00	1	ecms-tz-001043				买家已付款，等待卖家发货	ecms-tz-001043
=2541009123237461	259.00	1	4987049212518				交易关闭	4987049212518
=2661377023844110	204.00	1	4908049347321				卖家已发货，等待买家确认	4908049347321
=2660453210805708	399.00	1	4560264293380				卖家已发货，等待买家确认	4560264293380
=2659153230050201	399.00	1	4560264293380			尽快发货，谢谢!	卖家已发货，等待买家确认	4560264293380
=2660037250971626	399.00	1	4560264290334				卖家已发货，等待买家确认	4560264290334
=2660032050387216	399.00	1	4560264293380				卖家已发货，等待买家确认	4560264293380
=2659836653969117	204.00	1	4908049347321				等待买家付款	4908049347321
=2541304499099776	258.00	1	4908049142339				卖家已发货，等待买家确认	4908049142339
=2539856289769776	399.00	2	4560264293380				卖家已发货，等待买家确认	4560264293380
=2539652129609273	399.00	1	4560264293380				卖家已发货，等待买家确认	4560264293380

图 6-15 商品报表

商家编码	库存	补货周期
4895174600127	94	30
4897006824718	61	17
4897006825401	81	19
4895174602107	228	36
4895174601889	135	9
4895174601858	376	9
9400501001116	83	7
9400501001031	99	31
4908049267049	438	43
ecms-tz-001037	352	11

图 6-16 库存表

3. 案例实现思路

（1）计算每个商家编码近 N 天的销量，N 为补货周期的日期。

（2）计算多少天后需要补货，计算公式为：库存量 / 近 N 天销量 × 补货周期。

（3）计算最低补货量，计算公式为：近 N 天销量 – 库存量 + 近 N 天销量。

6.3.2 准备数据

加载库，代码如下。

```
import pymysql
import pandas as pd
import math
```

创建自定义函数 df()，作用是把 pymysql 库读取到的数据转换成 DataFrame（数据框）格式，代码如下。

```
def df(result,col_result):
    # 获取字段信息
    columns = []
    for i in range(len(col_result)):
        columns.append(col_result[i][0])
    # 创建 DataFrame
    df = pd.DataFrame(columns=columns)
    # 插入数据
    for i in range(len(result)):
        df.loc[i] = list(result[i])
    return df
```

使用 pymysql.connect() 函数打开数据库，代码如下。

```
con=pymysql.connect('localhost','root','123456','python')
```

创建游标，代码如下。

```
cursor=con.cursor()
```

创建 sql 指令，代码如下。

```
sql = '''select
a.`商家编码`,
MAX(a.`库存`)'库存',
MAX(a.`补货周期`)'补货周期',
SUM(b.`购买数量`)'近 N 天销量'
from `库存表`a
LEFT JOIN `商品报表`b on a.`商家编码`= b.`商家编码`
LEFT JOIN `订单报表`c on b.`订单编号`= c.`订单编号`
where DATEDIFF('2016-10-31',date(c.`订单付款时间`)) <= a.`补货周期`
GROUP BY a.`商家编码`'''
```

执行 sql 指令，代码如下。

```
cursor.execute(sql)
```

将读取的数据库数据转换成 DataFrame 格式，代码如下。

```
df = df(cursor.fetchall(),cursor.description)
```

关闭连接，代码如下。

```
cursor.close()
con.close()
```

6.3.3 计算补货量

创建一个 DataFrame，并指定好字段名称，代码如下。

```
supply_model = pd.DataFrame(columns = [' 商家编码 ',' 库存 ',' 补货周期 ',' 近 N 天销量 ',' 多少天后
需要补货 ',' 备一周期货量 '])
```

用 for 循环计算，并把数据写入 DataFrame 中，代码如下。

```
for index,row in df.iterrows():
    # 商家编码
    id = row[' 商家编码 ']
    # 库存
    stock = int(row[' 库存 '])
    # 补货周期
    cycle = int(row[' 补货周期 '])
    # 近 N 天销量
    count = int(row[' 近 N 天销量 '])
    # 多少天后需要补货
    buy_date = math.floor(stock / count) * cycle
    # 备一周期货量
    number = 0
    if (stock-count) < 0 :
        number = count - stock + count

    data = {' 商家编码 ':id,' 库存 ':stock,' 补货周期 ':cycle,' 近 N 天销量 ':count,' 多少天后需要补货 ':buy_
date,' 备一周期货量 ':number}
    supply_model = supply_model.append(data,ignore_index=True)
```

输出需要补货的商品及信息，"备一周期货量"是最基本单位，如果按"备一周期货量"备货则会偏少，备货时可以是这个数量的 2~4 倍，代码如下。

```
print(supply_model[supply_model[' 备一周期货量 ']>0])
```

输出结果

	商家编码	库存	补货周期	近 N 天销量	多少天后需要补货	备一周期货量
0	4560264293380	180	9	239	0	298	
6	4908049347321	208	20	243		0	278
7	4908049142339	66	28	73	0	80	

6.4 案例：用户成单预测

用户成单预测可以准确地提高用户的精准度，筛选出我们需要的用户数据，提高用户的转化率。

6.4.1 算法原理及案例背景

1. 算法原理

成单预测是用户关系管理中的一个部分，指在交易双方还未进行互动前，对双方是否能达成交易进行的预测。其主要的工作原理是，根据过去某个商品的数据资料的状况，预测其现在状况。传统的成单预测主要着眼于一个或者几个相对较少的指标进行检定预测，由于指标相对较少，所得结果的效果好坏与指定的指标好坏具有很大的关联，因此相当考验预测者对指标的敏感度，且传统的预测方式所使用的数据资料数量有限，预测的精确程度也相对不稳定。

相较传统的成单预测，基于大数据分析的成单预测更具有优势。首先，通过大数据分析的方法，我们可以选择大量的指标，将所有指标纳入一个体系中进行分析，相对原本的逐个指标检定更有效率，也能在分析时自动调整指标的重要程度，节省时间。当然，人为地选择指标，依旧是一种提高分析效果与效率的好方法。其次，我们同样也知道，预测分析结果的好坏与预测前我们分析过去资料的资料量有一定的关系，一般来说，分析资料的量越大，分析的效果越好，分析结果越准确。而恰恰大数据分析可以分析大量的资料，只要我们的预测模型合理，那么其分析上限仅与分析设备的硬件有关。也就是说，硬件能力越好，速度就越快。特别是随着大数据时代的到来，使这一优势更加明显。

本案例是根据原始的用户数据和用户订单数据进行用户特征的清洗，由原先的16个原始数据清洗成154个特征数据，再利用线性回归方法对特征进行分析，求得回归系数，最后根据这个系数进行判断。

2. 案例背景

某旅游公司是一个为中国出境游用户提供全球中文包车游服务的平台。

由于消费者消费能力逐渐增强、旅游信息不透明程度下降，游客的行为逐渐变得难以预测。传统旅行社的旅游路线模式已经不能满足游客需求，而对于企业来说，传统旅游线路对其营业利润的贡献也越来越有限，公司希望提升服务品质，通过附加值更高的精品服务来改变目前遇到的困境。为此该公司除了提供普通的旅行服务，也提出了品质相对更好的精品旅行服务。但是，从公司角度出发的所谓精品服务，是否是用户心中的精品服务，用户是否会为精品服务买单，这些问题就变得微妙了。回答这些问题的首要步骤就是找到"哪些用户会选择这些精品服务"。也只有了解了这个问题的答案，才能对"精品服务"的推进进行更深入的了解与优化。

于是，本案例的主题便是精品旅行服务成单预测，即希望通过分析用户的行为，了解不同的用户需求，对他们下一次是否购买精品服务进行预测。

3. 数据说明

表零保存了待预测的订单数据，后续将主要围绕此表给出的数据，按照用户id索引，进行用户是否会买单的预测分析工作，如图 6-17 所示。

表零	table_0	待预测的订单数据		总笔数：	40307
中文名	存储名	范例	有效值率	有效笔数	字段类型
用户id	userid	1.0204E+11	100.00%	40307	ID
订单类型	orderType	0	100.00%	40307	目标

图 6-17 订单数据表

表一保存了用户个人信息，主要以个人生物属性为主，其中部分字段缺失比例较高，在分析过程中需要对其进行缺失值处理，如图 6-18 所示。

表一	table_1	用户个人信息		总笔数	40307	
中文名	存储名	范例	有效值率	有效笔数	字段类型	备注
用户id	userid	1E+11	100.00%	40307	ID	
性别	gender	男	39.10%	15760	输入	使用"未知"填充空值
省份	province	北京	90.34%	36412	输入	
年龄段	age	70后	11.76%	4742	输入	

图 6-18 用户个人信息表

表二保存了用户历史订单数据，详细记录了发生交易行为的用户订单相关信息，其信息为后续分析预测工作起到了至关重要的作用，如图 6-19 所示。

表二	table_2	用户历史订单数据		总笔数	20653	
中文名	存储名	范例	有效值率	有效笔数	字段类型	备注
用户id	userid	1E+11	100.00%	20653	ID	
订单id	orderid	1000709	100.00%	20653	ID	
订单时间	orderTime	1503443585	100.00%	20653	输入	
订单类型	orderType	0	100.00%	20653	输入	1表示购买了精品旅游服务，0表示普通旅游服务
旅游城市	city	东京	100.00%	20653	输入	
国家	country	日本	100.00%	20653	输入	
大陆	continent	亚洲	100.00%	20653	输入	

图 6-19 用户历史订单数据表

表三保存了用户行为信息，详细记录了用户在使用 APP 过程中的相关信息，包括唤醒 APP、浏览产品、填写表单等相关信息，如图 6-20 所示。

表三	table_3	用户行为信息		总笔数	1334856	
中文名	存储名	范例	有效值率	有效笔数	字段类型	备注
用户id	userid	1E+11	100.00%	1334856	ID	1、行为类型一共有9个，其中1是唤醒APP；2~4是浏览产品，无先后关系；5~9则是有先后关系的，从填写表单到提交订单再到最后支付
行为类型	actionType	1	100.00%	1334856	输入	
发生时间	actionTime	1490971433	100.00%	1334856	输入	2、行为有缺失

图 6-20 用户行为信息表

4. 案例实现思路

我们将整个分析的流程分为两个阶段，分别如下。

（1）准备阶段，在用户基本资料、用户订单资料、用户 APP 行为资料中选取并变换出与目标相关的指标或特征，做出一系列的数值处理。具体包括以下 6 步。

①导入与导出数据表。

②用户基本资料分析处理，主要是缺失值填补。

③用户订单资料分析处理，主要是新特征的分析与产生。

④用户 APP 行为的分析处理，主要是新特征的分析与产生、缺失值调整、极值调整。

⑤基于用户订单资料与用户 APP 行为的整合分析处理，强调基于已产生的特征进行再次特征发现。

⑥汇总所有特征，并处理缺失值。

本案例有大量的特征需要从原始资料中提取，过程较为烦琐，可结合代码调试。

（2）数据挖掘阶段，主要是进行成单预测，要将先前整理汇总的特征与目标组合成能进行分析的格式，而后通过分析工具（分类器）对用户是否会购买服务进行预测，并将预测结果与实际结果进行比较，测试模型的准确程度。具体包括以下两步。

①将特征与目标数据表进行合并，产生新的数据集用于数据挖掘。

②以 XGBoost 为例对精品旅行服务成单进行预测。

6.4.2　数据准备

（1）读取数据。

加载 Pandas 库，代码如下。

```
import pandas as pd
```

读取原始 table_0.csv 数据，路径为相对路径，代码如下。

```
table_target = pd.read_csv(' 成单预测数据 /rawdata/table_0.csv')
```

重命名列名，ID 为用户 id，target 为预测结果，代码如下。

```
table_target.columns = ['ID','target']
```

把数据写入 table_target.csv 文件，路径为相对路径，代码如下。

```
table_target.to_csv(' 成单预测数据 /workeddata/table_target.csv',
index=False,encoding="utf_8_sig")
# 控制台打印表格
print(table_target)
```

输出结果

```
        ID    target
0   100000000013    0
1   100000000111    0
2   100000000127    0
3   100000000231    0
4   100000000379    0
...        ...    ...
```

```
40302  114999280232      1
40303  114999480334      0
40304  114999482932      0
40305  114999582132      0
40306  114999782736      0
```

[40307 rows x 2 columns]

（2）用户基本资料分析处理。

加载 Pandas 库，代码如下。

```
import pandas as pd
```

读取原始 table_1.csv 数据，路径为相对路径，代码如下。

```
F1 = pd.read_csv(' 成单预测数据 /rawdata/table_1.csv')
```

把表格中的缺失值替换成 ' 未知 '，以此区别于其他特征，代码如下。

```
F1 = F1.fillna(' 未知 ')
```

重命名列名，F1.1 为性别，F1.2 为省份，F1.3 为年龄段，代码如下。

```
F1.columns = ['ID','F1.1','F1.2','F1.3']
```

把数据写入 F1.csv 文件，路径为相对路径，代码如下。

```
F1.to_csv(' 成单预测数据 /workeddata/F1.csv',index=False,encoding="utf_8_sig")
```

控制台打印表格，代码如下。

```
print(F1)
```

输出结果

```
              ID    F1.1 F1.2 F1.3
0    100000000013   男   未知 60 后
1    100000000111  未知  上海 未知
2    100000000127  未知  上海 未知
3    100000000231   男   北京 70 后
4    100000000379   男   北京 未知
...           ...  ... ... ...
40302 114999280232  未知  浙江 70 后
40303 114999480334  未知  北京 未知
40304 114999482932  未知  上海 未知
40305 114999582132  未知  上海 未知
40306 114999782736  未知  北京 未知
```

[40307 rows x 4 columns]

（3）用户订单资料分析处理。

加载 Pandas 和 math 库，代码如下。

```
import pandas as pd
import math
# 读取原始 table_2.csv 数据，路径为相对路径
userOrder = pd.read_csv(' 成单预测数据 /rawdata/table_2.csv')
# 读取订单类型为 1 的数据，把订单类型为 1 的订单定义为精品订单
JPorder = userOrder[userOrder.orderType == 1]
```

清洗 F2.1 特征，计算订单的数量。读取原始表（userOrder）中的 userid,orderid 字段[1]，代码如下。

```
orderNum = userOrder[['userid','orderid']]
```

提取以下特征。

- F2.1：订单的数量
- F2.2：是否为精品订单
- F2.3：精品订单的数量
- F2.4：精品订单的占比

根据用户 ID 分组求订单数，代码如下。

```
F2 = orderNum.groupby('userid',as_index=False).count()
```

将 F2 表的字段重命名为 ID、F2.1，代码如下。

```
F2.columns = ['ID','F2.1']
print(F2)
```

控制台输出 F2 表

```
         ID    F2.1
0      100000000013    2
1      100000000393    1
2      100000000459    2
3      100000000637    1
4      100000000695    1
...           ...  ...
10632  114869467148    1
10633  114869652742    1
10634  114869867143    1
10635  114869969842    1
10636  114999280232    3
```

1　userOrder = pd.read_csv(' 成单预测数据 /rawdata/table_2.csv')。

[10637 rows x 2 columns]

清洗 F2.3 特征，计算精品订单的数量。读取精品订单用户 ID，代码如下。

```
orderType = JPorder[['userid']]
```

新建 number 列，列初始值为 1，代码如下。

```
orderType['number'] = 1
```

根据用户 ID 分组求精品订单数，代码如下。

```
orderType = orderType.groupby('userid',as_index=False).sum()
```

清洗 F2.4 特征，计算精品订单的占比。根据用户 ID 合并 orderType 和 F2 两张表，代码如下。

```
orderType = orderType.join(F2.set_index('ID'),on='userid')
```

求出精品订单占比：精品订单数 / 订单数，代码如下。

```
orderType['F2.4'] = orderType['number']/orderType['F2.1']
```

清洗 F2.2 特征表示是否有精品订单，列值为 1 表示有精品订单，列值为 0 表示没有精品订单，代码如下。

```
orderType['F2.2'] = 1
# 读取 orderType 表' userid'、' F2.2'、' number' 和' F2.4' 4 个字段，并把新表命名为 F2_2_3_4
F2_2_3_4 = orderType[['userid','F2.2','number','F2.4']]
```

重命名列名，代码如下。

```
F2_2_3_4.columns = ['ID','F2.2','F2.3','F2.4']
```

把 F2 表和 F2_2_3_4 表合并，代码如下。

```
F2 = F2.join(F2_2_3_4.set_index('ID'),on='ID')
print(F2)
```

控制台输出 F2 表

	ID	F2.1	F2.2	F2.3	F2.4
0	100000000013	2	NaN	NaN	NaN
1	100000000393	1	NaN	NaN	NaN
2	100000000459	2	NaN	NaN	NaN
3	100000000637	1	NaN	NaN	NaN
4	100000000695	1	NaN	NaN	NaN
...	...	...	...	...	...
10632	114869467148	1	NaN	NaN	NaN
10633	114869652742	1	NaN	NaN	NaN
10634	114869867143	1	1.0	1.0	1.000000
10635	114869969842	1	NaN	NaN	NaN

```
10636  114999280232    3  1.0  1.0  0.333333
```

[10637 rows x 5 columns]

从 userOrder 表清洗出以下新增字段 [1]。

- F2.5：旅游最多城市次数
- F2.6：旅游城市数
- F2.7：旅游最多国家次数
- F2.8：旅游国家数
- F2.9：旅游最多大洲次数
- F2.10：旅游大洲数

创建分组，分别为城市（city）、国家（country）和大洲（continent），代码如下。

```
site = ['city','country','continent']
```

详细的清洗流程如下。

```
a = 5
for i in range(0,3):
    # 设定列名
    title1 = 'F2.'+str(a)
    title2 = 'F2.' + str(a+1)
    # 读取 userid,city/country/continent 字段到 siteinfo 表
    siteinfo = userOrder[['userid', site[i]]]
    # 新建 number 列, 列值为 1
    siteinfo['number'] = 1
    # 根据 userid 和 city/country/continent 分组, 求每个用户去过每个城市的次数
    siteinfo = siteinfo.groupby(['userid', site[i]], as_index=False).sum()
    # 根据 userid 分组, 求用户去过最多城市 / 国家 / 大洲的次数
    siteinfo1 = siteinfo.groupby('userid', as_index=False).max()
    siteinfo1 = siteinfo1[['userid', 'number']]
    # 重命名列名
    siteinfo1.columns = ['ID', title1]
    # 根据 userid 分组, 求用户去过最多城市 / 国家 / 大洲的次数
    siteinfo2 = siteinfo.groupby('userid', as_index=False).count()
    siteinfo2 = siteinfo2[['userid', site[i]]]
    # 重命名列名
    siteinfo2.columns = ['ID', title2]
    # 根据 ID 合并特征
    F2 = F2.join(siteinfo1.set_index('ID'),on='ID')
    F2 = F2.join(siteinfo2.set_index('ID'), on='ID')
    a = a + 2
print(F2)
```

---

1 JPorder = userOrder[userOrder.orderType == 1]。

控制台输出 F2 表

```
           ID  F2.1  F2.2  F2.3      F2.4  ...  F2.6  F2.7  F2.8  F2.9  F2.10
0      100000000013    2   NaN   NaN       NaN  ...     2     1     2     1     2
1      100000000393    1   NaN   NaN       NaN  ...     1     1     1     1     1
2      100000000459    2   NaN   NaN       NaN  ...     2     1     2     1     2
3      100000000637    1   NaN   NaN       NaN  ...     1     1     1     1     1
4      100000000695    1   NaN   NaN       NaN  ...     1     1     1     1     1
...          ...     ...   ...   ...       ...  ...   ...   ...   ...   ...   ...
10632  114869467148    1   NaN   NaN       NaN  ...     1     1     1     1     1
10633  114869652742    1   NaN   NaN       NaN  ...     1     1     1     1     1
10634  114869867143    1   1.0   1.0  1.000000  ...     1     1     1     1     1
10635  114869969842    1   NaN   NaN       NaN  ...     1     1     1     1     1
10636  114999280232    3   1.0   1.0  0.333333  ...     2     2     2     2     2
```

[10637 rows x 11 columns]

从 JPorder 表清洗出以下新增字段。

- F2.11：精品旅游最多城市次数
- F2.12：精品旅游城市数
- F2.13：精品旅游最多国家次数
- F2.14：精品旅游国家数
- F2.15：精品旅游最多大洲次数
- F2.16：精品旅游大洲数

详细的清洗过程如下。

```python
a = 11
for i in range(0,3):
    # 设置列名
    title1 = 'F2.'+str(a)
    title2 = 'F2.' + str(a+1)
    # 读取精品订单的 userid,city/country/continent 字段到 JPsiteinfo 表
    JPsiteinfo = JPorder[['userid', site[i]]]
    # 新建 number 列，列值为 1
    JPsiteinfo['number'] = 1
    # 根据 userid 和 city/country/continent 分组，求每个用户去过每个城市的次数
    JPsiteinfo = JPsiteinfo.groupby(['userid', site[i]], as_index=False).sum()
    # 根据 userid 分组，求用户去过最多城市 / 国家 / 大洲的次数
    JPsiteinfo1 = JPsiteinfo.groupby('userid', as_index=False).max()
    JPsiteinfo1 = JPsiteinfo1[['userid', 'number']]
    # 重命名列名
    JPsiteinfo1.columns = ['ID', title1]
    # 根据 userid 分组，求用户去过最多城市 / 国家 / 大洲的次数
    JPsiteinfo2 = JPsiteinfo.groupby('userid', as_index=False).count()
```

```
        JPsiteinfo2 = JPsiteinfo2[['userid', site[i]]]
        # 重命名列名
        JPsiteinfo2.columns = ['ID', title2]
        # 根据 ID 合并特征
        F2 = F2.join(JPsiteinfo1.set_index('ID'),on='ID')
        F2 = F2.join(JPsiteinfo2.set_index('ID'), on='ID')
        a = a + 2
print(F2)
```

控制台输出 F2 表

	ID	F2.1	F2.2	F2.3	...	F2.13	F2.14	F2.15	F2.16
0	100000000013	2	NaN	NaN	...	NaN	NaN	NaN	NaN
1	100000000393	1	NaN	NaN	...	NaN	NaN	NaN	NaN
2	100000000459	2	NaN	NaN	...	NaN	NaN	NaN	NaN
3	100000000637	1	NaN	NaN	...	NaN	NaN	NaN	NaN
4	100000000695	1	NaN	NaN	...	NaN	NaN	NaN	NaN
...	...	...	...	...	...	...	...	...	...
10632	114869467148	1	NaN	NaN	...	NaN	NaN	NaN	NaN
10633	114869652742	1	NaN	NaN	...	NaN	NaN	NaN	NaN
10634	114869867143	1	1.0	1.0	...	1.0	1.0	1.0	1.0
10635	114869969842	1	NaN	NaN	...	NaN	NaN	NaN	NaN
10636	114999280232	3	1.0	1.0	...	1.0	1.0	1.0	1.0

[10637 rows x 17 columns]

清洗出订单的时间间隔，并命名为 F2.17，代码如下。

```
period = userOrder.orderTime.max() - userOrder.orderTime.min()
F2['F2.17'] = period/F2['F2.1']
```

清洗出精品订单的时间间隔，并命名为 F2.18，代码如下。

```
JPperiod = JPorder.orderTime.max() - JPorder.orderTime.min()
F2['F2.18'] = JPperiod/F2['F2.3']
print(F2)
```

控制台输出 F2 表

	ID	F2.1	F2.2	F2.3	...	F2.15	F2.16	F2.17	F2.18
0	100000000013	2	NaN	NaN	...	NaN	NaN	13386540.0	NaN
1	100000000393	1	NaN	NaN	...	NaN	NaN	26773080.0	NaN
2	100000000459	2	NaN	NaN	...	NaN	NaN	13386540.0	NaN
3	100000000637	1	NaN	NaN	...	NaN	NaN	26773080.0	NaN
4	100000000695	1	NaN	NaN	...	NaN	NaN	26773080.0	NaN
...	...	...	...	...	...	...	...	...	
10632	114869467148	1	NaN	NaN	...	NaN	NaN	26773080.0	NaN
10633	114869652742	1	NaN	NaN	...	NaN	NaN	26773080.0	NaN
10634	114869867143	1	1.0	1.0	...	1.0	1.0	26773080.0	26763661.0

```
10635 114869969842   1  NaN  NaN ...  NaN  NaN 26773080.0        NaN
10636 114999280232   3  1.0  1.0 ...  1.0  1.0  8924360.0 26763661.0
```

[10637 rows x 19 columns]

从 userOrder 表清洗出以下新增字段。

- F2.19：订单_热门城市_是否访问
- F2.20：订单_热门城市_访问城市数
- F2.21：订单_热门城市_访问次数
- F2.22：订单_热门国家_是否访问
- F2.23：订单_热门国家_访问国家数
- F2.24：订单_热门国家_访问次数
- F2.25：订单_热门大洲_是否访问
- F2.26：订单_热门大洲_访问大洲数
- F2.27：订单_热门大洲_访问次数

详细的清洗过程如下。

```
a = 19
for i in range(0,3):
    # 设置列名
    title1 = 'F2.' + str(a)
    title2 = 'F2.' + str(a + 1)
    title3 = 'F2.' + str(a + 2)
    # 读取全部订单的 userid,city/country/continent 字段到 siteinfo 表
    siteinfo = userOrder[['userid', site[i]]]
    # 根据 city/country/continent 分组，求城市 / 国家 / 大洲的订单数
    topsite = siteinfo.groupby(site[i], as_index=False).count()
    # 获取前 20% 的热门城市 / 国家 / 大洲的信息
    topsite = topsite.sort_values('userid', ascending=False)\
.head(math.floor(len(topsite) * 0.2))
    # 获取热门城市 / 国家 / 大洲
    topsite = topsite[[site[i]]]
    # 获取去过热门城市 / 国家 / 大洲全部订单信息
    topsiteOrder = topsite.join(siteinfo.set_index(site[i]), on=site[i])
    # 新建 number 列，列值为 1
    topsiteOrder['number'] = 1
    # 根据 userid 和 city/country/continent 分组，求每个用户去过的每个城市 / 国家 / 大洲的次数
    topsiteOrder1 = topsiteOrder.groupby(['userid', site[i]],
                        as_index=False).sum()
    # 根据 userid 分组，求每个用户去过的热门城市 / 国家 / 大洲数
    topsiteOrder1 = topsiteOrder1.groupby('userid', as_index=False).count()
    topsiteOrder1 = topsiteOrder1[['userid', site[i]]]
```

```
# 重命名列名
topsiteOrder1.columns = ['ID', title2]
# 新建列是否访问过热门城市 / 国家 / 大洲，1 为访问过 ,0 为没有访问过
topsiteOrder1[title1] = 1
# 根据 userid 分组，求每个用户去过的热门城市 / 国家 / 大洲的次数
topsiteOrder2 = topsiteOrder.groupby('userid', as_index=False).sum()
# 重命名列名
topsiteOrder2.columns = ['ID', title3]
# 根据 ID 合并特征
F2 = F2.join(topsiteOrder1.set_index('ID'), on='ID')
F2 = F2.join(topsiteOrder2.set_index('ID'), on='ID')
a = a + 3
print(F2)
```

控制台输出 F2 表

	ID	F2.1	F2.2	F2.3	...	F2.24	F2.26	F2.25	F2.27
0	100000000013	2	NaN	NaN	...	1.0	NaN	NaN	NaN
1	100000000393	1	NaN	NaN	...	1.0	NaN	NaN	NaN
2	100000000459	2	NaN	NaN	...	1.0	1.0	1.0	1.0
3	100000000637	1	NaN	NaN	...	NaN	NaN	NaN	NaN
4	100000000695	1	NaN	NaN	...	1.0	1.0	1.0	1.0
...	...	...	...	...	...	...	...	...	...
10632	114869467148	1	NaN	NaN	...	1.0	1.0	1.0	1.0
10633	114869652742	1	NaN	NaN	...	1.0	1.0	1.0	1.0
10634	114869867143	1	1.0	1.0	...	NaN	NaN	NaN	NaN
10635	114869969842	1	NaN	NaN	...	1.0	NaN	NaN	NaN
10636	114999280232	3	1.0	1.0	...	3.0	1.0	1.0	2.0

[10637 rows x 28 columns]

从 JPorder 表清洗出以下新增字段。

- F2.28：精品订单 _ 热门城市 _ 是否访问
- F2.29：精品订单 _ 热门城市 _ 访问城市数
- F2.30：精品订单 _ 热门城市 _ 访问次数
- F2.31：精品订单 _ 热门国家 _ 是否访问
- F2.32：精品订单 _ 热门国家 _ 访问国家数
- F2.33：精品订单 _ 热门国家 _ 访问次数
- F2.34：精品订单 _ 热门大洲 _ 是否访问
- F2.35：精品订单 _ 热门大洲 _ 访问大洲数
- F2.36：精品订单 _ 热门大洲 _ 访问次数

详细的清洗过程如下。

```
a = 28
for i in range(0,3):
    # 设置列名
    title1 = 'F2.' + str(a)
    title2 = 'F2.' + str(a + 1)
    title3 = 'F2.' + str(a + 2)
    # 读取全部精品订单的 userid,city/country/continent 字段到 siteinfo 表
    JPsiteinfo = JPorder[['userid', site[i]]]
    # 根据 city/country/continent 分组，求城市 / 国家 / 大洲的订单数
    JPtopsite = JPsiteinfo.groupby(site[i], as_index=False).count()
    # 获取前 20% 的热门城市 / 国家 / 大洲的信息
    JPtopsite = JPtopsite.sort_values('userid', ascending=False)\
.head(math.floor(len(JPtopsite) * 0.2))
    # 获取热门城市 / 国家 / 大洲
    JPtopsite = JPtopsite[[site[i]]]
    # 获取去过热门城市 / 国家 / 大洲全部订单信息
    JPtopsiteOrder = JPtopsite.join(JPsiteinfo.set_index(site[i]), on=site[i])
    # 新建 number 列，列值为 1
    JPtopsiteOrder['number'] = 1
    # 根据 userid 和 city/country/continent 分组，求每个用户去过的每个城市 / 国家 / 大洲的次数
    JPtopsiteOrder1 = JPtopsiteOrder.groupby(['userid', site[i]],
as_index=False).sum()
    # 根据 userid 分组，求每个用户去过的热门城市 / 国家 / 大洲数
    JPtopsiteOrder1 = JPtopsiteOrder1.groupby('userid', as_index=False).count()
    JPtopsiteOrder1 = JPtopsiteOrder1[['userid', site[i]]]
    # 重命名列名
    JPtopsiteOrder1.columns = ['ID', title2]
    # 新建列是否访问过热门城市 / 国家 / 大洲，1 为访问过 ,0 为没有访问过
    JPtopsiteOrder1[title1] = 1
    # 根据 userid 分组，求每个用户去过的热门城市 / 国家 / 大洲的次数
    JPtopsiteOrder2 = JPtopsiteOrder.groupby('userid', as_index=False).sum()
    # 重命名列名
    JPtopsiteOrder2.columns = ['ID', title3]
    # 根据用户 ID 合并特征
    F2 = F2.join(JPtopsiteOrder1.set_index('ID'), on='ID')
    F2 = F2.join(JPtopsiteOrder2.set_index('ID'), on='ID')
    a = a + 3
print(F2)
```

控制台输出 F2 表

	ID	F2.1	F2.2	F2.3	...	F2.33	F2.35	F2.34	F2.36
0	100000000013	2	NaN	NaN	...	NaN	NaN	NaN	NaN
1	100000000393	1	NaN	NaN	...	NaN	NaN	NaN	NaN
2	100000000459	2	NaN	NaN	...	NaN	NaN	NaN	NaN
3	100000000637	1	NaN	NaN	...	NaN	NaN	NaN	NaN

```
4      100000000695   1   NaN   NaN   ...   NaN   NaN   NaN   NaN
...       ...   ...  ...  ...  ...   ...    ...   ...
10632  114869467148   1   NaN   NaN   ...   NaN   NaN   NaN   NaN
10633  114869652742   1   NaN   NaN   ...   NaN   NaN   NaN   NaN
10634  114869867143   1   1.0   1.0   ...   NaN   NaN   NaN   NaN
10635  114869969842   1   NaN   NaN   ...   NaN   NaN   NaN   NaN
10636  114999280232   3   1.0   1.0   ...   1.0   1.0   1.0   1.0

[10637 rows x 37 columns]
```

将全部空值替换为 0，代码如下。

```
F2 = F2.fillna(0)
```

取出 F2 表中所需的特征字段，并写入文件中，代码如下。

```
F2 = F2[['ID','F2.1','F2.2','F2.3','F2.4','F2.5','F2.6','F2.7','F2.8',
    'F2.9','F2.10','F2.11','F2.12','F2.13','F2.14','F2.15','F2.16',
    'F2.17','F2.18','F2.19','F2.20','F2.21','F2.22','F2.23','F2.24',
    'F2.25','F2.26','F2.27','F2.28','F2.29','F2.30','F2.31','F2.32',
    'F2.33','F2.34','F2.35','F2.36']]
    # 把数据写入 F2.csv, 路径为相对路径
F2.to_csv(' 成单预测数据 /workeddata/F2.csv',index=False,encoding="utf_8_sig")
print(F2)
```

控制台输出 F2 表

```
          ID  F2.1  F2.2  F2.3   ...  F2.33  F2.34  F2.35  F2.36
0     100000000013   2   0.0   0.0   ...   0.0   0.0   0.0   0.0
1     100000000393   1   0.0   0.0   ...   0.0   0.0   0.0   0.0
2     100000000459   2   0.0   0.0   ...   0.0   0.0   0.0   0.0
3     100000000637   1   0.0   0.0   ...   0.0   0.0   0.0   0.0
4     100000000695   1   0.0   0.0   ...   0.0   0.0   0.0   0.0
...       ...   ...  ...  ...   ...    ...   ...   ...   ...
10632  114869467148  1   0.0   0.0   ...   0.0   0.0   0.0   0.0
10633  114869652742  1   0.0   0.0   ...   0.0   0.0   0.0   0.0
10634  114869867143  1   1.0   1.0   ...   0.0   0.0   0.0   0.0
10635  114869969842  1   0.0   0.0   ...   0.0   0.0   0.0   0.0
10636  114999280232  3   1.0   1.0   ...   1.0   1.0   1.0   1.0

[10637 rows x 37 columns]
```

（4）用户 APP 行为的分析处理。

这里的数据必须要进行一个摊平的动作，摊平的指标使用行为类型，因为从备注这里可以了解到行为类型一共有 9 个，其中，1 是唤醒 APP；2 ~ 4 是浏览产品，无先后关系；5 ~ 9 则是有先后关系的，从填写表单到提交订单再到支付。因此，可以先摊平，然后根据摊平后的部分，做出特征变换的处理，代码如下。

```
import pandas as pd

# 读取 table_3.csv, 路径为相对路径
userAction = pd.read_csv(' 成单预测数据 /rawdata/table_3.csv')
# F3.1 所有动作 _ 总次数
# 根据 userid 分组求每个用户的动作次数
F3_1 = userAction.groupby('userid',as_index=False).count()
F3_1 = F3_1[['userid','actionType']]
# 重命名列名
F3_1.columns = ['ID','F3.1']
# F3.2 非支付动作 _ 次数
# 筛选动作编号小于 5 的 , 再根据 userid 分组求每个用户的动作次数
F3_2 = userAction[userAction.actionType < 5 ]\
.groupby('userid',as_index=False).count()
F3_2 = F3_2[['userid','actionType']]
# 重命名列名
F3_2.columns = ['ID','F3.2']
# F3.3 支付动作 _ 次数
# 筛选动作编号大于或等于 5 的 , 再根据 userid 分组求每个用户的动作次数
F3_3 = userAction[userAction.actionType >= 5 ]\
.groupby('userid',as_index=False).count()
F3_3 = F3_3[['userid','actionType']]
# 重命名列名
F3_3.columns = ['ID','F3.3']
# 合并
F3 = F3_1.join(F3_2.set_index('ID'),on='ID')
F3 = F3.join(F3_3.set_index('ID'),on='ID')
print(F3)
```

控制台输出 F3 表

```
            ID  F3.1  F3.2  F3.3
0      100000000013   143  85.0  58.0
1      100000000111     3   1.0   2.0
2      100000000127     6   2.0   4.0
3      100000000231    44  28.0  16.0
4      100000000379    84  58.0  26.0
...             ...   ...   ...   ...
40302  114999280232    25   5.0  20.0
40303  114999480334     7   3.0   4.0
40304  114999482932    12   7.0   5.0
40305  114999582132    59  17.0  42.0
40306  114999782736     8   2.0   6.0

[40307 rows x 4 columns]
```

从 userAction 表清洗出以下新增字段。

- F3.4：动作 1_ 次数
- F3.5：动作 2_ 次数
- F3.6：动作 3_ 次数
- F3.7：动作 4_ 次数
- F3.8：动作 5_ 次数
- F3.9：动作 6_ 次数
- F3.10：动作 7_ 次数
- F3.11：动作 8_ 次数
- F3.12：动作 9_ 次数

详细的清洗过程如下。

```python
a1 = 4
for i in range(1,10):
    # 列名
    title1 = 'F3.' + str(a1)
    # 获取每一个动作的信息，再根据 userid 分组，求每个用户每个动作的次数
    action1 = userAction[userAction.actionType == i ]\
      .groupby('userid',as_index=False).count()
        action1 = action1[['userid','actionType']]
        # 重命名列名
        action1.columns = ['ID',title1]
        # 合并特征
        F3 = F3.join(action1.set_index('ID'), on='ID')
        a1 = a1 + 1
    # 0 替换空值
    F3 = F3.fillna(0)
    print(F3)
```

控制台输出 F3 表

```
           ID  F3.1  F3.2  F3.3  F3.4  ...  F3.8  F3.9  F3.10  F3.11  F3.12
0     100000000013  143  85.0  58.0  79.0  ...  32.0  18.0  1.0   4.0   3.0
1     100000000111    3  1.0   2.0   1.0  ...   1.0   1.0   0.0   0.0   0.0
2     100000000127    6  2.0   4.0   2.0  ...   2.0   0.0   2.0   0.0   0.0
3     100000000231   44  28.0  16.0  15.0  ...  10.0   6.0   0.0   0.0   0.0
4     100000000379   84  58.0  26.0  42.0  ...  14.0  11.0   1.0   0.0   0.0
...            ...  ...   ...   ...   ...  ...   ...   ...   ...   ...   ...
40302 114999280232   25  5.0  20.0   5.0  ...   8.0   7.0   0.0   3.0   2.0
40303 114999480334    7  3.0   4.0   3.0  ...   3.0   1.0   0.0   0.0   0.0
40304 114999482932   12  7.0   5.0   7.0  ...   4.0   1.0   0.0   0.0   0.0
40305 114999582132   59  17.0  42.0   7.0  ...  25.0  16.0   1.0   0.0   0.0
40306 114999782736    8  2.0   6.0   2.0  ...   4.0   2.0   0.0   0.0   0.0

[40307 rows x 13 columns]
```

从 userAction 表清洗出以下新增字段。

- F3.13：非支付动作_占比
- F3.14：支付动作_占比
- F3.15：动作1_占比
- F3.16：动作2_占比
- F3.17：动作3_占比
- F3.18：动作4_占比
- F3.19：动作5_占比
- F3.20：动作6_占比
- F3.21：动作7_占比
- F3.22：动作8_占比
- F3.23：动作9_占比

详细的清洗过程如下。

```
a2 = 13
for i in range(2,13):
    # 设置列名
    title2 = 'F3.' + str(a2)
    actiontitle = 'F3.' + str(i)
    # 求每种动作的占比
    F3[title2] = F3[actiontitle] / F3['F3.1']
    a2 = a2 + 1
print(F3)
```

控制台输出 F3 表

```
         ID  F3.1  F3.2  ...    F3.20     F3.21     F3.22     F3.23
0      100000000013  143  85.0  ...  0.125874  0.006993  0.027972  0.020979
1      100000000111    3   1.0  ...  0.333333  0.000000  0.000000  0.000000
2      100000000127    6   2.0  ...  0.000000  0.333333  0.000000  0.000000
3      100000000231   44  28.0  ...  0.136364  0.000000  0.000000  0.000000
4      100000000379   84  58.0  ...  0.130952  0.011905  0.000000  0.000000
...           ...    ...   ...  ...       ...       ...       ...       ...
40302  114999280232   25   5.0  ...  0.280000  0.000000  0.120000  0.080000
40303  114999480334    7   3.0  ...  0.142857  0.000000  0.000000  0.000000
40304  114999482932   12   7.0  ...  0.083333  0.000000  0.000000  0.000000
40305  114999582132   59  17.0  ...  0.271186  0.016949  0.000000  0.000000
40306  114999782736    8   2.0  ...  0.250000  0.000000  0.000000  0.000000

[40307 rows x 24 columns]
```

使用 diff(actionTime)函数计算时间间隔，然后计算出均值、方差、最小值、最大值，代码如下。

```
# 读取 userid 和 actionTime 两列
timeinterval = userAction[['userid','actionTime']]
# 根据 userid 分组,用 diff 函数计算出每一行 actionTime 与上一行的差值,结果赋值到新列 interval
timeinterval['interval'] = timeinterval.groupby('userid').actionTime.diff()
# 读取 userid 和 interval 两列
timeinterval1 = timeinterval[['userid','interval']]
# F3.24 时间间隔_均值
# 根据 userid 分组,求均值
F3_24 = timeinterval1.groupby('userid',as_index=False).mean()
# 重命名列名
F3_24.columns = ['ID','F3.24']
# 合并特征
F3 = F3.join(F3_24.set_index('ID'), on='ID')
# F3.25 时间间隔_方差
# 根据 userid 分组,求方差
F3_25 = timeinterval1.groupby('userid',as_index=False).var()
# 重命名列名
F3_25.columns = ['ID','F3.25']
# 合并特征
F3 = F3.join(F3_25.set_index('ID'), on='ID')
# F3.26 时间间隔_最小值
# 根据 userid 分组,求最小值
F3_26 = timeinterval1.groupby('userid',as_index=False).min()
# 重命名列名
F3_26.columns = ['ID','F3.26']
# 合并特征
F3 = F3.join(F3_26.set_index('ID'), on='ID')
# F3.27 时间间隔_最大值
# 根据 userid 分组,求最大值
F3_27 = timeinterval1.groupby('userid',as_index=False).max()
# 重命名列名
F3_27.columns = ['ID','F3.27']
# 合并特征
F3 = F3.join(F3_27.set_index('ID'), on='ID')
print(F3)
```

控制台输出 F3 表

```
        ID  F3.1  F3.2  ...     F3.25  F3.26     F3.27
0  100000000013  143  85.0  ...  8.892589e+11   2.0  6648889.0
1  100000000111    3   1.0  ...  2.000000e+02  13.0       33.0
2  100000000127    6   2.0  ...  3.682693e+12  46.0  3766778.0
3  100000000231   44  28.0  ...  1.089375e+12   3.0  5072943.0
4  100000000379   84  58.0  ...  5.224079e+11   2.0  4051593.0
...      ...     ...   ...  ...       ...    ...       ...
```

```
40302  114999280232   25   5.0   ...  2.106475e+11    6.0  1975384.0
40303  114999480334    7   3.0   ...  4.485155e+11    9.0  1544397.0
40304  114999482932   12   7.0   ...  7.984105e+12   17.0  8449257.0
40305  114999582132   59  17.0   ...  9.089121e+09    5.0   534478.0
40306  114999782736    8   2.0   ...  1.507000e+08    7.0    32620.0
```

[40307 rows x 28 columns]

获得最后 3 个时间的时间间隔与动作，可能有的客户没有 3 个动作，因此要对空值进行填补，填补值为该特征最大值，代码如下。

```
# 根据 actionTime 降序，再根据 userid 分组，获取前 3 条数据
top3time = timeinterval.sort_values('actionTime',ascending=False)\
.groupby('userid',as_index=False).head(3)
# 据 userid 分组，求最大值
top3timemax = top3time.groupby('userid').max()
# F3.28 时间间隔_倒数第 1 个
# 据 userid 分组，获取第一条数据
F3_28 = top3time.groupby('userid',as_index=False).head(1)
F3_28 = F3_28[['userid','interval']]
# 对空值进行填补，填补值为该特征最大值
F3_28null = F3_28.set_index('userid').isnull()
F3_28null = F3_28null[F3_28null.interval == True]
for i in F3_28null.index.values:
    max = top3timemax.at[i,"interval"]
    F3_28.loc[F3_28['userid']==i, 'interval'] = max
# 重命名列名
F3_28.columns = ['ID','F3.28']
# 合并特征
F3 = F3.join(F3_28.set_index('ID'), on='ID')


# F3.29 时间间隔_倒数第 2 个
# 据 userid 分组，获取前 2 条数据
F3_29 = top3time.groupby('userid',as_index=False).head(2)
# 据 userid 分组，获取最后一条数据
F3_29 = top3time.groupby('userid',as_index=False).tail(1)
F3_29 = F3_29[['userid','interval']]
# 对空值进行填补，填补值为该特征最大值
F3_29null = F3_29.set_index('userid').isnull()
F3_29null = F3_29null[F3_29null.interval == True]
for i in F3_29null.index.values:
    max = top3timemax.at[i,"interval"]
    F3_29.loc[F3_29['userid']==i, 'interval'] = max
# 重命名列名
F3_29.columns = ['ID','F3.29']
# 合并特征
F3 = F3.join(F3_29.set_index('ID'), on='ID')
```

```
# F3.30 时间间隔 _ 倒数第 3 个
# 据 userid 分组，获取最后一条数据
F3_30 = top3time.groupby('userid',as_index=False).tail(1)
F3_30 = F3_30[['userid','interval']]
# 对空值进行填补，填补值为该特征最大值
F3_30null = F3_30.set_index('userid').isnull()
F3_30null = F3_30null[F3_30null.interval == True]
for i in F3_30null.index.values:
    max = top3timemax.at[i,"interval"]
    F3_30.loc[F3_30['userid']==i, 'interval'] = max
# 重命名列名
F3_30.columns = ['ID','F3.30']
# 合并特征
F3 = F3.join(F3_30.set_index('ID'), on='ID')
print(F3)
```

控制台输出 F3 表

	ID	F3.1	F3.2	...	F3.27	F3.28	F3.29	F3.30
0	100000000013	143	85.0	...	6648889.0	240330.0	180836.0	180836.0
1	100000000111	3	1.0	...	33.0	33.0	33.0	33.0
2	100000000127	6	2.0	...	3766778.0	3266886.0	46.0	46.0
3	100000000231	44	28.0	...	5072943.0	5.0	9781.0	9781.0
4	100000000379	84	58.0	...	4051593.0	242804.0	3.0	3.0
...	...	...	...		...	...	...	...
40302	114999280232	25	5.0	...	1975384.0	40.0	498402.0	498402.0
40303	114999480334	7	3.0	...	1544397.0	1544397.0	270451.0	270451.0
40304	114999482932	12	7.0	...	8449257.0	51.0	26.0	26.0
40305	114999582132	59	17.0	...	534478.0	54.0	8.0	8.0
40306	114999782736	8	2.0	...	32620.0	338.0	7.0	7.0

[40307 rows x 31 columns]

继续处理剩余特征，代码如下。

```
# 根据 actionTime 降序，再根据 userid 分组，获取前 3 条数据
top3action = userAction.sort_values('actionTime',ascending=False)\
.groupby('userid',as_index=False).head(3)
# 读取 userid 和 actionType 列
top3actionmax = top3action[['userid','actionType']]
# 据 userid 分组，求最大值
top3actionmax = top3actionmax.groupby('userid').max()
# F3.31 动作 _ 倒数第 1 个
# 据 userid 分组，获取第一条数据
F3_31 = top3action.groupby('userid',as_index=False).head(1)
F3_31 = F3_31[['userid','actionType']]
# 对空值进行填补，填补值为该特征最大值
```

```
F3_31null = F3_31.set_index('userid').isnull()
F3_31null = F3_31null[F3_31null.actionType == True]
for i in F3_31null.index.values:
    max = top3actionmax.at[i,"actionType"]
    F3_31.loc[F3_31['userid']==i, 'actionType'] = max
# 重命名列名
F3_31.columns = ['ID','F3.31']
# 合并特征
F3 = F3.join(F3_31.set_index('ID'), on='ID')


# F3.32 动作 _ 倒数第 2 个
# 根据 userid 分组，获取前 2 条数据
F3_32 = top3action.groupby('userid',as_index=False).head(2)
# 根据 userid 分组，获取最后一条数据
F3_32 = top3action.groupby('userid',as_index=False).tail(1)
F3_32 = F3_32[['userid','actionType']]
# 对空值进行填补，填补值为该特征最大值
F3_32null = F3_32.set_index('userid').isnull()
F3_32null = F3_32null[F3_32null.actionType == True]
for i in F3_32null.index.values:
    max = top3actionmax.at[i,"actionType"]
    F3_32.loc[F3_32['userid']==i, 'actionType'] = max
# 重命名列名
F3_32.columns = ['ID','F3.32']
# 合并特征
F3 = F3.join(F3_32.set_index('ID'), on='ID')


# F3.33 动作 _ 倒数第 3 个
# 根据 userid 分组，获取最后一条数据
F3_33 = top3action.groupby('userid',as_index=False).tail(1)
F3_33 = F3_33[['userid','actionType']]
# 对空值进行填补，填补值为该特征最大值
F3_33null = F3_33.set_index('userid').isnull()
F3_33null = F3_33null[F3_33null.actionType == True]
for i in F3_33null.index.values:
    max = top3actionmax.at[i,"actionType"]
    F3_33.loc[F3_33['userid']==i, 'actionType'] = max
# 重命名列名
F3_33.columns = ['ID','F3.33']
# 合并特征
F3 = F3.join(F3_33.set_index('ID'), on='ID')
print(F3)
```

控制台输出 F3 表

	ID	F3.1	F3.2	F3.3	...	F3.30	F3.31	F3.32	F3.33
0	100000000013	143	85.0	58.0	...	180836.0	6	1	1

```
1      100000000111   3   1.0  2.0 ...   33.0    6    1    1
2      100000000127   6   2.0  4.0 ...   46.0    7    5    5
3      100000000231  44  28.0 16.0 ... 9781.0    2    1    1
4      100000000379  84  58.0 26.0 ...    3.0    1    5    5
...
40302  114999280232  25   5.0 20.0 ... 498402.0   6    1    1
40303  114999480334   7   3.0  4.0 ... 270451.0   1    1    1
40304  114999482932  12   7.0  5.0 ...   26.0    5    6    6
40305  114999582132  59  17.0 42.0 ...    8.0    7    5    5
40306  114999782736   8   2.0  6.0 ...    7.0    6    5    5
```

[40307 rows x 34 columns]

继续处理剩余特征，代码如下。

```
# F3.34 时间间隔 _ 倒数 3 个 _ 均值
# 读取 userid 和 interval 两列，再根据 userid 分组，求均值
F3_34 = top3time[['userid','interval']]\
.groupby('userid',as_index=False).mean()
# 重命名列名
F3_34.columns = ['ID','F3.34']
# 合并特征
F3 = F3.join(F3_34.set_index('ID'), on='ID')

# F3.35 时间间隔 _ 倒数 3 个 _ 方差
# 读取 userid 和 interval 两列，再根据 userid 分组，求方差
F3_35 = top3time[['userid','interval']].groupby('userid',as_index=False).var()
# 重命名列名
F3_35.columns = ['ID','F3.35']
# 合并特征
F3 = F3.join(F3_35.set_index('ID'), on='ID')
print(F3)
```

控制台输出 F3 表

```
          ID  F3.1  F3.2 ... F3.32 F3.33      F3.34        F3.35
0      100000000013  143  85.0 ...    1     1 1.635143e+05 7.531262e+09
1      100000000111    3   1.0 ...    1     1 2.300000e+01 2.000000e+02
2      100000000127    6   2.0 ...    5     5 2.344570e+06 4.185068e+12
3      100000000231   44  28.0 ...    1     1 3.280333e+03 3.169463e+07
4      100000000379   84  58.0 ...    5     5 8.094933e+04 1.964770e+10
...            ...  ...   ... ...  ...   ...      ...          ...
40302  114999280232   25   5.0 ...    1     1 1.661903e+05 8.277345e+10
40303  114999480334    7   3.0 ...    1     1 6.049523e+05 6.802019e+11
40304  114999482932   12   7.0 ...    6     6 6.688107e+05 1.341769e+12
40305  114999582132   59  17.0 ...    5     5 5.100000e+01 1.729000e+03
40306  114999782736    8   2.0 ...    5     5 1.416667e+02 3.024233e+04
```

[40307 rows x 36 columns]

　　下面分析 1~9 每个动作的最后一次动作时间距离最后一个动作的时间间隔。

　　首先计算出最后一个动作的时间，然后分别计算出每个动作的最后一次的动作时间，再将两者相减，就可以得到想要的特征。同样，这里也要对空值进行填补，填补值为空值所在特征的最大值，代码如下。

```python
# 根据 actionTime 降序，再根据 userid 分组，获取第一条数据
lastTime = userAction.sort_values('actionTime',ascending=False)\
.groupby('userid',as_index=False).head(1)
# 读取 userid 和 actionTime 两列
lastTime = lastTime[['userid','actionTime']]
# 重命名列名
lastTime.columns = ['userid','lastTime']
# 根据 actionTime 降序，再根据 userid 和 actionType 分组，获取第一条数据
lastActionTime = userAction.sort_values('actionTime',ascending=False)\
.groupby(['userid','actionType'],as_index=False).head(1)
# 重命名列名
lastActionTime.columns = ['userid','actionType','lastActionTime']
actionType = lastActionTime
# 根据 userid 合并 lastActionTime 和 lastTime 两张表
lastActionTime = lastActionTime.join(lastTime.set_index('userid'),on='userid')
# 计算每一个动作的最后一次动作时间与最后一次动作时间的差值
lastActionTime['diff'] = lastActionTime['lastTime']\
                                        - lastActionTime['lastActionTime']
# 读取 actionType 和 diff 两列，再根据 actionType 分组，求最大值
lastActionTimemax = lastActionTime[['actionType','diff']]\
.groupby('actionType').max()

# F3.36 时间间隔 _ 最近动作 1
# F3.37 时间间隔 _ 最近动作 2
# F3.38 时间间隔 _ 最近动作 3
# F3.39 时间间隔 _ 最近动作 4
# F3.40 时间间隔 _ 最近动作 5
# F3.41 时间间隔 _ 最近动作 6
# F3.42 时间间隔 _ 最近动作 7
# F3.43 时间间隔 _ 最近动作 8
# F3.44 时间间隔 _ 最近动作 9
a3 = 36
for i in range(1,10):
    # 列名
    title3 = 'F3.' + str(a3)
    # 读取每一个动作的数据
    action3 = lastActionTime[lastActionTime.actionType == i ]
    # 读取 userid 和 diff 两列
    action3 = action3[['userid','diff']]
    # 重命名列名
```

```
action3.columns = ['ID',title3]
# 合并特征
F3 = F3.join(action3.set_index('ID'), on='ID')
a3 = a3 + 1
# 对空值进行填补，填补值为该特征最大值
action3null = F3[['ID',title3]]
action3null = action3null.set_index('ID').isnull()
action3null = action3null[action3null[title3] == True]
for id in action3null.index.values:
    max = lastActionTimemax.at[i,"diff"]
    F3.loc[F3['ID']==id, title3] = max
print(F3)
```

控制台输出 F3 表

```
           ID  F3.1  F3.2  ...      F3.42       F3.43       F3.44
0      100000000013   143   85.0  ...   1278697.0   1278693.0   1278682.0
1      100000000111     3    1.0  ...  10611487.0  30533897.0  30750122.0
2      100000000127     6    2.0  ...         0.0  30533897.0  30750122.0
3      100000000231    44   28.0  ...  10611487.0  30533897.0  30750122.0
4      100000000379    84   58.0  ...   9338371.0  30533897.0  30750122.0
...             ...   ...    ...  ...         ...         ...         ...
40302  114999280232    25    5.0  ...  10611487.0    505891.0    505874.0
40303  114999480334     7    3.0  ...  10611487.0  30533897.0  30750122.0
40304  114999482932    12    7.0  ...  10611487.0  30533897.0  30750122.0
40305  114999582132    59   17.0  ...         0.0  30533897.0  30750122.0
40306  114999782736     8    2.0  ...  10611487.0  30533897.0  30750122.0
```

[40307 rows x 45 columns]

通过上面代码知道了 1～9 每个动作的最后一次动作的时间，因此，只需要知道客户操作时间大于每个动作的最后一次动作时间的资料笔数，就是动作距离。空值填补为每个特征最大值，代码如下。

```
# F3.45 动作距离 _ 最近动作 1
# F3.46 动作距离 _ 最近动作 2
# F3.47 动作距离 _ 最近动作 3
# F3.48 动作距离 _ 最近动作 4
# F3.49 动作距离 _ 最近动作 5
# F3.50 动作距离 _ 最近动作 6
# F3.51 动作距离 _ 最近动作 7
# F3.52 动作距离 _ 最近动作 8
# F3.53 动作距离 _ 最近动作 9
a4 = 45
for i in range(1,10):
    # 列名
    title4 = 'F3.' + str(a4)
```

```
# 获取每个动作的数据
Type = actionType[actionType.actionType == i]
# 读取 userid 和 lastActionTime 两列
Type = Type[['userid','lastActionTime']]
# 根据 userid 合并 userAction 和 Type 两张表
action4 = userAction.join(Type.set_index('userid'),on='userid')
# 获取 actionTime 大于等于 lastActionTime 的数据
action4 = action4[action4.actionTime >= action4.lastActionTime]
# 根据 userid 分组，求每个用户 actionTime 大于等于 lastActionTime 的数据
action4 = action4.groupby('userid',as_index=False).count()
# 读取 userid 和 actionType 两列
action4 = action4[['userid','actionType']]
# 根据 actionType 降序，获取第一条数据
action4max = action4.sort_values('actionType', ascending=False).head(1)
# 重命名列名
action4.columns = ['ID',title4]
# 合并特征
F3 = F3.join(action4.set_index('ID'), on='ID')
a4 = a4 + 1
# 获取该特征最大值
max = action4max.get('actionType').values[0]
# 对空值进行填补，填补值为该特征最大值
action4null = F3[['ID',title4]]
action4null = action4null.set_index('ID').isnull()
action4null = action4null[action4null[title4] == True]
for id in action4null.index.values:
    F3.loc[F3['ID']==id, title4] = max
print(F3)
```

控制台输出 F3 表

	ID	F3.1	F3.2	F3.3	...	F3.50	F3.51	F3.52	F3.53
0	100000000013	143	85.0	58.0	...	1.0	24.0	23.0	22.0
1	100000000111	3	1.0	2.0	...	1.0	745.0	3301.0	3300.0
2	100000000127	6	2.0	4.0	...	363.0	1.0	3301.0	3300.0
3	100000000231	44	28.0	16.0	...	4.0	745.0	3301.0	3300.0
4	100000000379	84	58.0	26.0	...	2.0	39.0	3301.0	3300.0
...	...	...	...	...	...	...	...	...	...
40302	114999280232	25	5.0	20.0	...	1.0	745.0	7.0	6.0
40303	114999480334	7	3.0	4.0	...	5.0	745.0	3301.0	3300.0
40304	114999482932	12	7.0	5.0	...	3.0	745.0	3301.0	3300.0
40305	114999582132	59	17.0	42.0	...	2.0	1.0	3301.0	3300.0
40306	114999782736	8	2.0	6.0	...	1.0	745.0	3301.0	3300.0

[40307 rows x 54 columns]

　　下面计算动作 1 ~ 9 时间间隔的均值、方差、最小值、最大值。首先筛选出相

同动作的操作，然后按照 userid 进行分组，分别计算时间间隔，之后筛选出大于 0
的时间间隔。最后分别以 userid 分组计算不同动作时间间隔的均值、方差、最小值、
最大值，代码如下。

```
# 3-54 时间间隔 _ 动作 1_ 均值
# 3-55 时间间隔 _ 动作 1_ 方差
# 3-56 时间间隔 _ 动作 1_ 最小值
# 3-57 时间间隔 _ 动作 1_ 最大值
# 3-58 时间间隔 _ 动作 2_ 均值
# 3-59 时间间隔 _ 动作 2_ 方差
# 3-60 时间间隔 _ 动作 2_ 最小值
# 3-61 时间间隔 _ 动作 2_ 最大值
# 3-62 时间间隔 _ 动作 3_ 均值
# 3-63 时间间隔 _ 动作 3_ 方差
# 3-64 时间间隔 _ 动作 3_ 最小值
# 3-65 时间间隔 _ 动作 3_ 最大值
# 3-66 时间间隔 _ 动作 4_ 均值
# 3-67 时间间隔 _ 动作 4_ 方差
# 3-68 时间间隔 _ 动作 4_ 最小值
# 3-69 时间间隔 _ 动作 4_ 最大值
# 3-70 时间间隔 _ 动作 5_ 均值
# 3-71 时间间隔 _ 动作 5_ 方差
# 3-72 时间间隔 _ 动作 5_ 最小值
# 3-73 时间间隔 _ 动作 5_ 最大值
# 3-74 时间间隔 _ 动作 6_ 均值
# 3-75 时间间隔 _ 动作 6_ 方差
# 3-76 时间间隔 _ 动作 6_ 最小值
# 3-77 时间间隔 _ 动作 6_ 最大值
# 3-78 时间间隔 _ 动作 7_ 均值
# 3-79 时间间隔 _ 动作 7_ 方差
# 3-80 时间间隔 _ 动作 7_ 最小值
# 3-81 时间间隔 _ 动作 7_ 最大值
# 3-82 时间间隔 _ 动作 8_ 均值
# 3-83 时间间隔 _ 动作 8_ 方差
# 3-84 时间间隔 _ 动作 8_ 最小值
# 3-85 时间间隔 _ 动作 8_ 最大值
# 3-86 时间间隔 _ 动作 9_ 均值
# 3-87 时间间隔 _ 动作 9_ 方差
# 3-88 时间间隔 _ 动作 9_ 最小值
# 3-89 时间间隔 _ 动作 9_ 最大值
# 读取 userid、actionType、actionTime 三列
timeinterval2 = userAction[['userid','actionType','actionTime']]
# 根据 userid 和 actionType 分组，获取 actionTime 列的每一行值与上一行的差值
# 赋值到新列 interval
timeinterval2['interval'] = timeinterval2.groupby(['userid','actionType'])\
.actionTime.diff()
```

```
a5 = 54
for i in range(1,10):
    # 列名
    actionMeanTitle = 'F3.' + str(a5)
    actionVarTitle = 'F3.' + str(a5 + 1)
    actionMinTitle = 'F3.' + str(a5 + 2)
    actionMaxTitle = 'F3.' + str(a5 + 3)
    # 读取每个动作的数据
    actionType = timeinterval2[timeinterval2.actionType == i]
    # 读取 userid 和 interval 两列
    actionType = actionType[['userid','interval']]
    # 根据 userid 分组，求均值
    actionMean = actionType.groupby('userid',as_index=False).mean()
    # 根据 userid 分组，求方差
    actionVar = actionType.groupby('userid', as_index=False).var()
    # 根据 userid 分组，求最小值
    actionMin = actionType.groupby('userid', as_index=False).min()
    # 根据 userid 分组，求最大值
    actionMax = actionType.groupby('userid', as_index=False).max()
    # 重命名列名
    actionMean.columns = ['ID',actionMeanTitle]
    actionVar.columns = ['ID', actionVarTitle]
    actionMin.columns = ['ID', actionMinTitle]
    actionMax.columns = ['ID', actionMaxTitle]
    # 合并特征
    F3 = F3.join(actionMean.set_index('ID'),on='ID')
    F3 = F3.join(actionVar.set_index('ID'), on='ID')
    F3 = F3.join(actionMin.set_index('ID'), on='ID')
    F3 = F3.join(actionMax.set_index('ID'), on='ID')
    a5 = a5 + 4
# 将 NA 替换空值
F3 = F3.fillna('NA')
# 把数据写入到 F3.csv, 路径为相对路径
F3.to_csv(' 成单预测数据 /workeddata/F3.csv',index=False,encoding="utf_8_sig")
print(F3)
```

控制台输出 F3 表

	ID	F3.1	F3.2	...	F3.87	F3.88	F3.89
0	100000000013	143	85.0	...	3.82434e+14	1204	2.76575e+07
1	100000000111	3	1.0	...	NA	NA	NA
2	100000000127	6	2.0	...	NA	NA	NA
3	100000000231	44	28.0	...	NA	NA	NA
4	100000000379	84	58.0	...	NA	NA	NA
...	...	...	...	...	...		
40302	114999280232	25	5.0	...	NA	684527	684527
40303	114999480334	7	3.0	...	NA	NA	NA

```
40304  114999482932  12  7.0  ...      NA    NA      NA
40305  114999582132  59  17.0  ...     NA    NA      NA
40306  114999782736  8  2.0  ...       NA    NA      NA
```

[40307 rows x 90 columns]

（5）基于用户订单资料与用户 APP 行为的整合分析处理，代码如下。

```
import pandas as pd
import numpy as np

# 路径为相对路径
F2 = pd.read_csv(' 成单预测数据 /workeddata/F2.csv')
F3 = pd.read_csv(' 成单预测数据 /workeddata/F3.csv')
F23 = F2.join(F3.set_index('ID'),on='ID')


# F2.3.1 所有动作 _ 订单 _ 占比
# F2.3.2 非支付动作 _ 订单 _ 占比
# F2.3.3 支付动作 _ 订单 _ 占比
# F2.3.4 动作 1_ 订单 _ 占比
# F2.3.5 动作 2_ 订单 _ 占比
# F2.3.6 动作 3_ 订单 _ 占比
# F2.3.7 动作 4_ 订单 _ 占比
# F2.3.8 动作 5_ 订单 _ 占比
# F2.3.9 动作 6_ 订单 _ 占比
# F2.3.10 动作 7_ 订单 _ 占比
# F2.3.11 动作 8_ 订单 _ 占比
# F2.3.12 动作 9_ 订单 _ 占比
# F2.3.13 所有动作 _ 精品订单 _ 占比
# F2.3.14 非支付动作 _ 精品订单 _ 占比
# F2.3.15 支付动作 _ 精品订单 _ 占比
# F2.3.16 动作 1_ 精品订单 _ 占比
# F2.3.17 动作 2_ 精品订单 _ 占比
# F2.3.18 动作 3_ 精品订单 _ 占比
# F2.3.19 动作 4_ 精品订单 _ 占比
# F2.3.20 动作 5_ 精品订单 _ 占比
# F2.3.21 动作 6_ 精品订单 _ 占比
# F2.3.22 动作 7_ 精品订单 _ 占比
# F2.3.23 动作 8_ 精品订单 _ 占比
# F2.3.24 动作 9_ 精品订单 _ 占比
F23['F2.3.1'] = F23['F3.1'] / F23['F2.1']
F23['F2.3.2'] = F23['F3.2'] / F23['F2.1']
F23['F2.3.3'] = F23['F3.3'] / F23['F2.1']
F23['F2.3.4'] = F23['F3.4'] / F23['F2.1']
F23['F2.3.5'] = F23['F3.5'] / F23['F2.1']
F23['F2.3.6'] = F23['F3.6'] / F23['F2.1']
F23['F2.3.7'] = F23['F3.7'] / F23['F2.1']
F23['F2.3.8'] = F23['F3.8'] / F23['F2.1']
```

```
F23['F2.3.9'] = F23['F3.9'] / F23['F2.1']
F23['F2.3.10'] = F23['F3.10'] / F23['F2.1']
F23['F2.3.11'] = F23['F3.11'] / F23['F2.1']
F23['F2.3.12'] = F23['F3.12'] / F23['F2.1']
F23['F2.3.13'] = F23['F3.1'] / F23['F2.3']
F23['F2.3.14'] = F23['F3.2'] / F23['F2.3']
F23['F2.3.15'] = F23['F3.3'] / F23['F2.3']
F23['F2.3.16'] = F23['F3.4'] / F23['F2.3']
F23['F2.3.17'] = F23['F3.5'] / F23['F2.3']
F23['F2.3.18'] = F23['F3.6'] / F23['F2.3']
F23['F2.3.19'] = F23['F3.7'] / F23['F2.3']
F23['F2.3.20'] = F23['F3.8'] / F23['F2.3']
F23['F2.3.21'] = F23['F3.9'] / F23['F2.3']
F23['F2.3.22'] = F23['F3.10'] / F23['F2.3']
F23['F2.3.23'] = F23['F3.11'] / F23['F2.3']
F23['F2.3.24'] = F23['F3.12'] / F23['F2.3']
F23 = F23[['ID','F2.3.1','F2.3.2','F2.3.3','F2.3.4','F2.3.5','F2.3.6',
'F2.3.7','F2.3.8','F2.3.9','F2.3.10','F2.3.11','F2.3.12','F2.3.13',
'F2.3.14','F2.3.15','F2.3.16','F2.3.17','F2.3.18','F2.3.19','F2.3.20',
'F2.3.21','F2.3.22','F2.3.23','F2.3.24']]
# 把空值替换为 0
F23 = F23.fillna(0)
# 把无穷大和无穷小替换为空
F23 = F23.replace([np.inf, -np.inf], np.nan)
# 把空值替换为 NA
F23 = F23.fillna('NA')
# 把数据写入到 F2.3.csv, 路径为相对路径
F23.to_csv(' 成单预测数据 /workeddata/F2.3.csv',
index=False,encoding="utf_8_sig")
print(F23)
```

控制台输出 F23 表

	ID	F2.3.1	F2.3.2	...	F2.3.22	F2.3.23	F2.3.24
0	100000000013	71.500000	42.500000	...	NA	NA	NA
1	100000000393	38.000000	24.000000	...	NA	NA	NA
2	100000000459	35.500000	8.500000	...	0	NA	NA
3	100000000637	41.000000	14.000000	...	0	0	0
4	100000000695	31.000000	13.000000	...	NA	NA	NA
...	...	...	...	...	...	...	...
10632	114869467148	10.000000	4.000000	...	NA	0	0
10633	114869652742	30.000000	12.000000	...	NA	NA	NA
10634	114869867143	23.000000	8.000000	...	2	0	0
10635	114869969842	18.000000	9.000000	...	NA	NA	NA
10636	114999280232	8.333333	1.666667	...	0	3	2

[10637 rows x 25 columns]

（6）特征汇总，代码如下。

```
import pandas as pd

# 读取文件, 路径为相对路径
F1 = pd.read_csv(' 成单预测数据 /workeddata/F1.csv')
F2 = pd.read_csv(' 成单预测数据 /workeddata/F2.csv')
F3 = pd.read_csv(' 成单预测数据 /workeddata/F3.csv')
F23 = pd.read_csv(' 成单预测数据 /workeddata/F2.3.csv')
# 读取列
F2no = F2[['ID','F2.2','F2.19','F2.22','F2.25','F2.28','F2.31','F2.34']]
F3no = F3[['ID','F3.13','F3.14','F3.15','F3.16','F3.17','F3.18','F3.19',
'F3.20','F3.21','F3.22','F3.23','F3.31','F3.32','F3.33']]
# 删除列
F2 = F2.drop(['F2.2','F2.19','F2.22','F2.25','F2.28','F2.31','F2.34'], axis=1)
F3 = F3.drop(['F3.13','F3.14','F3.15','F3.16','F3.17','F3.18','F3.19','F3.20',
'F3.21','F3.22','F3.23','F3.31','F3.32','F3.33'], axis=1)
# 根据用户 ID 合并表
feature = F1.join(F2.set_index('ID'),on='ID')
feature = feature.join(F3.set_index('ID'),on='ID')
feature = feature.join(F23.set_index('ID'),on='ID')
print(feature)
```

控制台输出特征（feature）表

```
         ID F1.1 F1.2 F1.3 ... F2.3.21 F2.3.22 F2.3.23 F2.3.24
0     100000000013   男   未知 60 后 ...   NaN    NaN    NaN    NaN
1     100000000111  未知   上海 未知 ...   NaN    NaN    NaN    NaN
2     100000000127  未知   上海 未知 ...   NaN    NaN    NaN    NaN
3     100000000231   男   北京 70 后 ...   NaN    NaN    NaN    NaN
4     100000000379   男   北京 未知 ...   NaN    NaN    NaN    NaN
...           ...   ...   ...  ...  ...   ...    ...    ...    ...
40302 114999280232  未知   浙江 70 后 ...   7.0    0.0    3.0    2.0
40303 114999480334  未知   北京 未知 ...   NaN    NaN    NaN    NaN
40304 114999482932  未知   上海 未知 ...   NaN    NaN    NaN    NaN
40305 114999582132  未知   上海 未知 ...   NaN    NaN    NaN    NaN
40306 114999782736  未知   北京 未知 ...   NaN    NaN    NaN    NaN

[40307 rows x 132 columns]
```

特征归一化，将特征以及需要归一化的特征记录下来，代码如下。

```
# 读取所有列名遍历
c = 0
for t in list(feature):
    # 跳过前 4 列
    if c < 4:
        c = c + 1
```

```
      continue
   # 读取列
   demo = feature[[t]]
   # 获取当前列最大值
   max = demo.sort_values(t,ascending=False).head(1)
   maxvalue = max.get(t).values[0]
   # 归一化：列值 / 最大值
   feature[t] = feature[t] / maxvalue
print(feature)
```

控制台输出特征表

	ID	F1.1	F1.2	F1.3	...	F2.3.21	F2.3.22	F2.3.23	F2.3.24
0	100000000013	男	未知	60 后	...	NaN	NaN	NaN	NaN
1	100000000111	未知	上海	未知	...	NaN	NaN	NaN	NaN
2	100000000127	未知	上海	未知	...	NaN	NaN	NaN	NaN
3	100000000231	男	北京	70 后	...	NaN	NaN	NaN	NaN
4	100000000379	男	北京	未知	...	NaN	NaN	NaN	NaN
...	...	...	...	...	...	...			
40302	114999280232	未知	浙江	70 后	...	0.037838	0.0	0.046332	0.037209
40303	114999480334	未知	北京	未知	...	NaN	NaN	NaN	NaN
40304	114999482932	未知	上海	未知	...	NaN	NaN	NaN	NaN
40305	114999582132	未知	上海	未知	...	NaN	NaN	NaN	NaN
40306	114999782736	未知	北京	未知	...	NaN	NaN	NaN	NaN

[40307 rows x 132 columns]

把数据写入表格，以待建模时读取，代码如下。

```
# 空值替换为 1
feature = feature.fillna(1)
# 根据用户 ID 合并表
feature = feature.join(F2no.set_index('ID'),on='ID')
feature = feature.join(F3no.set_index('ID'),on='ID')
feature = feature[['ID','F1.1','F1.2','F1.3','F2.1','F2.2','F2.3','F2.4',
'F2.5','F2.6','F2.7','F2.8','F2.9','F2.10','F2.11','F2.12','F2.13',
'F2.14','F2.15','F2.16','F2.17','F2.18','F2.19','F2.20','F2.21','F2.22',
'F2.23','F2.24','F2.25','F2.26','F2.27','F2.28','F2.29','F2.30','F2.31',
'F2.32','F2.33','F2.34','F2.35','F2.36','F3.1','F3.2','F3.3','F3.4',
'F3.5','F3.6','F3.7','F3.8','F3.9','F3.10','F3.11','F3.12','F3.13',
'F3.14','F3.15','F3.16','F3.17','F3.18','F3.19','F3.20','F3.21','F3.22',
'F3.23','F3.24','F3.25','F3.26','F3.27','F3.28','F3.29','F3.30','F3.31',
'F3.32','F3.33','F3.34','F3.35','F3.36','F3.37','F3.38','F3.39','F3.40',
'F3.41','F3.42','F3.43','F3.44','F3.45','F3.46','F3.47','F3.48','F3.49',
'F3.50','F3.51','F3.52','F3.53','F3.54','F3.55','F3.56','F3.57','F3.58',
'F3.59','F3.60','F3.61','F3.62','F3.63','F3.64','F3.65','F3.66','F3.67',
'F3.68','F3.69','F3.70','F3.71','F3.72','F3.73','F3.74','F3.75','F3.76',
'F3.77','F3.78','F3.79','F3.80','F3.81','F3.82','F3.83','F3.84','F3.85',
```

```
'F3.86','F3.87','F3.88','F3.89','F2.3.1','F2.3.2','F2.3.3','F2.3.4',
'F2.3.5','F2.3.6','F2.3.7','F2.3.8','F2.3.9','F2.3.10','F2.3.11',
'F2.3.12','F2.3.13','F2.3.14','F2.3.15','F2.3.16','F2.3.17','F2.3.18',
'F2.3.19','F2.3.20','F2.3.21','F2.3.22','F2.3.23','F2.3.24']]
# 空值替换为 0
feature = feature.fillna(0)
# 把数据写入 table_feature.csv, 路径为相对路径
feature.to_csv(' 成单预测数据 /workeddata/table_feature.csv',
index=False,encoding="utf_8_sig")
print(feature)
```

控制台输出特征表

	ID	F1.1	F1.2	F1.3	...	F2.3.21	F2.3.22	F2.3.23	F2.3.24
0	100000000013	男	未知	60 后	...	1.000000	1.0	1.000000	1.000000
1	100000000111	未知	上海	未知	...	1.000000	1.0	1.000000	1.000000
2	100000000127	未知	上海	未知	...	1.000000	1.0	1.000000	1.000000
3	100000000231	男	北京	70 后	...	1.000000	1.0	1.000000	1.000000
4	100000000379	男	北京	未知	...	1.000000	1.0	1.000000	1.000000
...	...	...	...	...	...	...	...	...	...
40302	114999280232	未知	浙江	70 后	...	0.037838	0.0	0.046332	0.037209
40303	114999480334	未知	北京	未知	...	1.000000	1.0	1.000000	1.000000
40304	114999482932	未知	上海	未知	...	1.000000	1.0	1.000000	1.000000
40305	114999582132	未知	上海	未知	...	1.000000	1.0	1.000000	1.000000
40306	114999782736	未知	北京	未知	...	1.000000	1.0	1.000000	1.000000

[40307 rows x 153 columns]

6.4.3　数据挖掘

（1）数据合并，代码如下。

```
import pandas as pd

# 读取文件, 路径为相对路径
feature = pd.read_csv(' 成单预测数据 /workeddata/table_feature.csv')
target = pd.read_csv(' 成单预测数据 /workeddata/table_target.csv')
# 根据用户 ID 合并表格
database = feature.join(target.set_index('ID'),'ID')
# 空值替换为 0
database = database.fillna(0)
# 把数据写入 table_database.csv, 路径为相对路径
database.to_csv(' 成单预测数据 /workeddata/table_database.csv',
index=False,encoding="utf_8_sig")
print(database)
```

控制台输出 database 表

	ID	F1.1	F1.2	F1.3	...	F2.3.22	F2.3.23	F2.3.24	target
0	100000000013	男	未知	60 后	...	1.0	1.000000	1.000000	0
1	100000000111	未知	上海	未知	...	1.0	1.000000	1.000000	0
2	100000000127	未知	上海	未知	...	1.0	1.000000	1.000000	0
3	100000000231	男	北京	70 后	...	1.0	1.000000	1.000000	0
4	100000000379	男	北京	未知	...	1.0	1.000000	1.000000	0
...	...	...	...	...					
40302	114999280232	未知	浙江	70 后	...	0.0	0.046332	0.037209	1
40303	114999480334	未知	北京	未知	...	1.0	1.000000	1.000000	0
40304	114999482932	未知	上海	未知	...	1.0	1.000000	1.000000	0
40305	114999582132	未知	上海	未知	...	1.0	1.000000	1.000000	0
40306	114999782736	未知	北京	未知	...	1.0	1.000000	1.000000	0

[40307 rows x 154 columns]

（2）建立模型。

最后是进行数据分析的阶段。本阶段会用到上一步产生的数据集，然后将数据集随机抽样 90% 作为训练数据集，剩下 10% 作为测试数据集，并且按照 xgboost 函数的格式进行数据挖掘的计算。而后针对训练出来的模型，将测试数据导入其中，得到预测数据。将预测数据与实际数据对比，通过计算模型评估指标（AUC）进行计算后，对训练的模型做出评价，代码如下。

```
import xgboost as xgb
import pandas as pd
import numpy as np
from sklearn.model_selection import train_test_split

# 读取文件，路径为相对路径
train = pd.read_csv(' 成单预测数据 /workeddata/table_database.csv')
# 名义特征设定。大部分名义特征在读取时会被转变为数值特征，为此，要将这些特征转换为名义特征
train['F2.19'] = pd.factorize(train['F2.19'])[0].astype(np.uint16)
train['F2.22'] = pd.factorize(train['F2.19'])[0].astype(np.uint16)
train['F2.25'] = pd.factorize(train['F2.19'])[0].astype(np.uint16)
train['F2.28'] = pd.factorize(train['F2.19'])[0].astype(np.uint16)
train['F2.31'] = pd.factorize(train['F2.19'])[0].astype(np.uint16)
train['F2.34'] = pd.factorize(train['F2.19'])[0].astype(np.uint16)
train['F3.31'] = pd.factorize(train['F2.19'])[0].astype(np.uint16)
train['F3.32'] = pd.factorize(train['F2.19'])[0].astype(np.uint16)
train['F3.33'] = pd.factorize(train['F2.19'])[0].astype(np.uint16)
# 删除列
train = train.drop(['F1.1', 'F1.2', 'F1.3'], axis=1)
```

```python
# 设为目标
df_train = train['target'].values
# 删除列
train = train.drop(['target'], axis=1)
# 随机抽取 90% 的资料作为训练数据，剩余 10% 作为测试数据
X_train,X_test,y_train,y_test = train_test_split(train,df_train,test_size = 0.1,random_state = 1)
# 使用 XGBoost 的原生版本需要对数据进行转化
data_train = xgb.DMatrix(X_train, y_train)
data_test = xgb.DMatrix(X_test, y_test)
# 设置参数
# max_depth 表示树的深度，eta 表示权重参数，objective 表示训练目标的学习函数
param = {'max_depth': 4, 'eta': 0.2, 'objective': 'reg:linear'}
watchlist = [(data_test, 'test'), (data_train, 'train')]
# 表示训练次数
n_round = 1000
# 训练数据载入模型
data_train_booster = xgb.train(param, data_train, num_boost_round=n_round, evals=watchlist)
# 计算错误率
y_predicted = data_train_booster.predict(data_train)
y = data_train.get_label()
accuracy = sum(y == (y_predicted > 0.5))
accuracy_rate = float(accuracy) / len(y_predicted)
print(' 样本总数   :{0}'.format(len(y_predicted)))
print(' 正确数目   :{0}'.format(accuracy))
print(' 正确率   :{0:.10f}'.format((accuracy_rate)))
```

输出结果

```
[15:46:08] WARNING: C:/Users/Administrator/workspace/xgboost-win64_release_1.1.0/src/objective/
regression_obj.cu:170: reg:linear is now deprecated in favor of reg:squarederror.
[0]     test-rmse:0.44039   train-rmse:0.43696
[1]     test-rmse:0.39720   train-rmse:0.39023
[2]     test-rmse:0.36662   train-rmse:0.35702
[3]     test-rmse:0.34618   train-rmse:0.33379
......
[995]   test-rmse:0.26323   train-rmse:0.15928
[996]   test-rmse:0.26320   train-rmse:0.15922
[997]   test-rmse:0.26319   train-rmse:0.15918
[998]   test-rmse:0.26324   train-rmse:0.15911
[999]   test-rmse:0.26323   train-rmse:0.15905
[15:47:19] WARNING: C:/Users/Administrator/workspace/xgboost-win64_release_1.1.0/src/objective/
regression_obj.cu:170: reg:linear is now deprecated in favor of reg:squarederror.
样本总数  :36276
正确数目  :35360
正确率  :0.9747491454
```

6.5 案例：用户流失预测

用户的获取和流失是一个相对概念，就好比一个水池，有进口，也有出口。我们不能只关心进口的进水速率，却忽略了出水口的出水速率。挽留一个老用户相比拉动一个新用户，在增加营业收入、产品周期维护方面都是有好处的。并且获得一个新用户的成本是留存一个老用户的5~6倍。

6.5.1 算法原理及案例背景

1. 算法原理

流失用户是指那些曾经使用过产品或服务，由于对产品失去兴趣等种种原因，不再使用产品或服务的用户。

根据流失用户所处的用户关系生命周期阶段可以将流失用户分为4类，即考察阶段流失用户、形成阶段流失用户、稳定阶段流失用户和衰退阶段流失用户。

根据用户流失的原因也可以将流失用户分成4类，以下进行介绍。

（1）第1类流失用户是自然消亡类。

例如用户破产、身故、移民或迁徙等，使用户无法再享受企业的产品或服务，或者用户目前所处的地理位置位于企业产品和服务的覆盖范围之外。

（2）第2类流失用户是需求变化类。

用户自身的需求发生了变化，需求变化类用户的大量出现，往往是伴随着科技进步和社会习俗的变化而产生。

（3）第3类流失用户是趋利流失类。

因为企业竞争对手的营销活动诱惑，用户终止与该企业的用户关系，而转变为企业竞争对手的用户。

（4）第4类流失用户是失望流失类。

因对该企业的产品或服务不满意，用户终止与该企业的用户关系。

根据以上用户流失的原因，我们在原始的51个特征中重新提取分析出50个新的特征，再利用线性回归进行分析，求得回归系数，最后根据这个系数进行判断。

2．案例背景

中国领先的综合性旅行服务公司，每天向超过 2.5 亿会员提供全方位的旅行服务，在这海量的网站访问量中，可分析用户的行为数据来挖掘潜在的信息资源。其中，客户流失率是考虑业务成绩的一个非常关键的指标。此次分析的目的是为了深入了解使用者画像及行为偏好，找到最优算法，挖掘出影响用户流失的关键因素，从而更好地完善产品设计、提升用户体验！

经由大数据分析，可以更加准确地了解用户需要什么，这样可以提升用户的入住意愿。随着时代的发展，用户对酒店的要求也越来越高，因此要用数据分析用户不满的原因，比如用户是因为不满意服务或是价格从而选择了其他公司的产品。掌握到这些信息后就能更加有效地开发新用户。由历史数据中可以得知用户对房间价格、房间格局、入住时段等偏好特征，可以给予每位用户最精准的信息和服务，通过数据分析可以紧紧地抓住每一位用户的心。

3．数据说明

table1 表结构说明。

- label：用户是否流失
- sampleid：样本 ID
- d：访问时间
- arrival：入住时间
- iforderpv_24h：24 小时内是否询问订单填写
- decisionhabit_user：用户行为类型（决策习惯）
- historyvisit_7ordernum：近 7 天用户历史订单数
- historyvisit_totalordernum：近一年用户历史订单数
- hotelcr：当前酒店历史流动率
- ordercanceledprecent：用户一年内取消订单率
- landhalfhours：24 小时内登录时长
- ordercanncelednum：用户一年内取消订单数
- commentnums：当前酒店点评数
- starprefer：星级偏好
- novoters：当前酒店评分人数
- consuming_capacity：消费能力指数
- historyvisit_avghotelnum：酒店的平均历史访客数

- cancelrate：当前酒店历史取消率
- historyvisit_visit_detailpagenum：酒店详情页的访客数
- delta_price1：用户偏好价格
- price_sensitive：价格敏感指数
- hoteluv：当前酒店历史 UV
- businessrate_pre：24 小时内历史浏览次数最多的酒店的商务属性指数
- ordernum_oneyear：用户一年内订单数
- cr_pre：24 小时历史浏览次数最多的酒店的历史流动率
- avgprice：平均价格
- lowestprice：当前酒店可订最低价格
- firstorder_bu：首个订单
- customereval_pre2：24 小时历史浏览酒店客户评分均值
- delta_price2：用户偏好价格，算法：近 24 小时内浏览酒店的平均价格
- commentnums_pre：24 小时内历史浏览次数最多的酒店的点评数
- customer_value_profit：近一年的用户价值
- commentnums_pre2：24 小时内历史浏览酒店并点评的次数均值
- cancelrate_pre：24 小时内访问次数最多的酒店的历史取消率
- novoters_pre2：24 小时内历史浏览酒店评分数均值
- novoters_pre：24 小时内历史浏览次数最多的酒店的评分数
- ctrip_profits：客户价值
- deltaprice_pre2_t1：24 小时内访问酒店价格与对手价差均值 T+1
- lowestprice_pre：20 小时内的最低价格
- uv_pre：24 小时内历史浏览次数最多的酒店历史 UV
- uv_pre2：24 小时内历史浏览次数最多酒店的历史 UV 均值
- lowestprice_pre2：24 小时内访问次数最多的酒店的可订最低价
- lasthtlordergap：一年内距离上次下单时长
- businessrate_pre2：24 小时内访问酒店的商务属性均值
- cityuvs：城市的访客数量
- cityorders：城市的订单量
- lastpvgap：最终 PV 的差值
- cr：流动率
- sid：唯一身份编码
- visitnum_oneyear：年访问次数

- h：访问时间点

4. 案例实现思路

分析流程分为两个阶段，分别如下。

（1）准备阶段。

①导入与导出数据表。

②客户基本数据分析处理、缺失值填补。

③询问与入住日期的转换，产生新特征的分析与数据清理。

④缺失值处理与归一化，新特征的分析与产生、缺失值调整、极值调整。

（2）数据挖掘阶段。

①将特征与目标数据表进行合并的动作，产生新的数据集用于数据挖掘。

②以 GBM、XGBoost 为例对客户流失概率进行预测。

6.5.2 数据准备

1. 导入与导出数据表

```
import pandas as pd

# 读取文件，路径为相对路径
table = pd.read_csv(' 用户流失数据 /rawdata/table1.csv')
# 获取列信息
F1_1 = table[['label','sampleid','historyvisit_7ordernum',
'historyvisit_totalordernum','ordercanceledprecent','ordercanncelednum',
'historyvisit_avghotelnum','delta_price1','businessrate_pre','cr_pre',
'landhalfhours','starprefer','price_sensitive','commentnums_pre2',
'cancelrate_pre','novoters_pre2','novoters_pre','commentnums_pre2',
'cancelrate_pre','lowestprice_pre','uv_pre','uv_pre2','hoteluv',
'cancelrate','novoters','commentnums','hotelcr','visitnum_oneyear',
'ordernum_oneyear','cityorders','iforderpv_24h','consuming_capacity',
'avgprice','ctrip_profits','customer_value_profit','commentnums_pre',
'delta_price2','ordernum_oneyear','firstorder_bu','d','arrival']]
# 重命名列名
F1_1.columns = ['label','ID','F1.1','F1.2','F1.3','F1.4','F1.5','F1.6','F1.7',
'F1.8','F1.9','F1.10','F1.11','F1.12','F1.13','F1.14','F1.15','F1.16',
'F1.17','F1.18','F1.19','F1.20','F1.21','F1.22','F1.23','F1.24','F1.25',
'F1.26','F1.27','F1.28','F1.29','F1.30','F1.31','F1.32','F1.33','F1.34',
'F1.35','F1.36','F1.37','F1.38','F1.39']
```

```
# 空值替换为 NA
F1_1 = F1_1.fillna('NA')
# 将文件写入 F1_1.csv, 路径为相对路径
F1_1.to_csv(' 用户流失数据 /workeddata/F1_1.csv',
index=False,encoding="utf_8_sig")
print(F1_1)
```

控制台输出 F1_1 表

	label	ID	F1.1	F1.2	F1.3	...	F1.35	F1.36	F1.37	F1.38	F1.39
0	0	24636	NA	NA	NA	...	NA	NA	NA	2016/5/18	2016/5/18
1	1	24637	NA	NA	NA	...	NA	NA	NA	2016/5/18	2016/5/18
2	0	24641	NA	NA	NA	...	NA	NA	NA	2016/5/18	2016/5/19
3	0	24642	NA	NA	NA	...	NA	NA	NA	2016/5/18	2016/5/18
4	1	24644	NA	NA	NA	...	NA	NA	NA	2016/5/18	2016/5/19
...	...	...	...	...	...	...	...	...	...	...	...
689940	1	2238419	NA	NA	NA	...	NA	NA	NA	2016/5/15	2016/5/17
689941	1	2238421	3	3	0.33	...	NA	3	NA	2016/5/15	2016/5/15
689942	0	2238422	NA	NA	NA	...	NA	NA	NA	2016/5/15	2016/5/17
689943	0	2238425	NA	NA	NA	...	NA	NA	NA	2016/5/15	2016/5/17
689944	0	2238426	NA	NA	NA	...	NA	NA	NA	2016/5/15	2016/5/15

[689945 rows x 41 columns]

2. 客户基本数据分析处理、缺失值填补

```
import pandas as pd

# 读取文件 , 路径为相对路径
F1_1 = pd.read_csv(' 用户流失数据 /workeddata/F1_1.csv')
# 读取列
F1_2_1 = F1_1[['ID','F1.1','F1.2','F1.4','F1.5','F1.9','F1.15','F1.23',
'F1.24','F1.27','F1.35','F1.38','F1.39']]
# 空值替换为 0
F1_2_1 = F1_2_1.fillna(0)
# 读取列
F1_2_2 = F1_1[['label','ID']]
# 设置所需列的空值替换为均值
title = ['F1.3','F1.6','F1.7','F1.8','F1.10','F1.11','F1.12','F1.13',
'F1.14','F1.16','F1.17','F1.18','F1.19','F1.20','F1.21','F1.22',
'F1.25','F1.26','F1.28','F1.29','F1.30','F1.31','F1.32','F1.33',
'F1.34','F1.36','F1.37']
for t in title:
    # 获取每一列的均值
    mean = F1_1[[t]].mean().values[0]
    # 获取列
    null = F1_1[['ID',t]]
    # 空值替换为均值
```

```
    null = null.fillna(mean)
    # 根据用户 ID 合并特征
    F1_2_2 = F1_2_2.join(null.set_index('ID'),on='ID')
# 根据用户 ID 合并表格
F1_2 = F1_2_1.join(F1_2_2.set_index('ID'),on='ID')
# 计算所需列值除以该列的均值,结果替换改列的值
for t in list(F1_2):
    # 跳过以下几列
    if t == 'ID' or t == 'label' or t == 'F1.38' or t == 'F1.39':
        continue
    # 获取列的均值
    mean = F1_2[[t]].mean().values[0]
    # 列值 / 均值,然后赋值到原有列
    F1_2[t] = F1_2[t]/mean
F1_2 = F1_2[['label','ID','F1.1','F1.2','F1.3','F1.4','F1.5','F1.6',
'F1.7','F1.8','F1.9','F1.10','F1.11','F1.12','F1.13','F1.14','F1.15',
'F1.16','F1.17','F1.18','F1.19','F1.20','F1.21','F1.22','F1.23','F1.24',
'F1.25','F1.26','F1.27','F1.28','F1.29','F1.30','F1.31','F1.32','F1.33',
'F1.34','F1.35','F1.36','F1.37','F1.38','F1.39']]
# 将文件写入 F1_2.csv,路径为相对路径
F1_2.to_csv(' 用户流失数据 /workeddata/F1_2.csv',
index=False,encoding="utf_8_sig")
print(F1_2)
```

控制台输出 F1_2 表

	label	ID	F1.1	...	F1.37	F1.38	F1.39
0	0	24636	0.000000	...	1.0	2016/5/18	2016/5/18
1	1	24637	0.000000	...	1.0	2016/5/18	2016/5/18
2	0	24641	0.000000	...	1.0	2016/5/18	2016/5/19
3	0	24642	0.000000	...	1.0	2016/5/18	2016/5/18
4	1	24644	0.000000	...	1.0	2016/5/18	2016/5/19
...	...	...	...	...	...		
689940	1	2238419	0.000000	...	1.0	2016/5/15	2016/5/17
689941	1	2238421	13.449395	...	1.0	2016/5/15	2016/5/15
689942	0	2238422	0.000000	...	1.0	2016/5/15	2016/5/17
689943	0	2238425	0.000000	...	1.0	2016/5/15	2016/5/17
689944	0	2238426	0.000000	...	1.0	2016/5/15	2016/5/15

[689945 rows x 41 columns]

3. 询问与入住日期的转换,产生新特征的分析与数据清理

```
import pandas as pd
from sklearn.cluster import KMeans
import numpy as np
```

```
# 读取文件，路径为相对路径
F1_2 = pd.read_csv(' 用户流失数据 /workeddata/F1_2.csv')
# 将日期作转换，算出入住日期与询问日期相差几天
F1_2['F1.40'] = pd.to_datetime(F1_2['F1.39']) - pd.to_datetime(F1_2['F1.38'])
# F1.40 的值 :0 days, 将格式转为 str
F1_2['F1.40'] = F1_2['F1.40'].astype('str')
# 获取数值
F1_2['F1.40'] = F1_2['F1.40'].apply(lambda x: x.split(' ')[0])
# 将实际日期中的假日（周六、周日）转化为 1，其余转化成 0
# 将原先的格式转为 datetime
F1_2['F1.41'] = pd.to_datetime(F1_2['F1.38'])
F1_2['F1.42'] = pd.to_datetime(F1_2['F1.39'])
# 将日期转为星期几
F1_2['F1.41'] = F1_2['F1.41'].dt.dayofweek
F1_2['F1.42'] = F1_2['F1.42'].dt.dayofweek
# 将周一到周五的数值替换为 0
F1_2.loc[F1_2['F1.41'] <= 5, 'F1.41'] = 0
F1_2.loc[F1_2['F1.42'] <= 5, 'F1.42'] = 0
# 将周末的数值替换为 1
F1_2.loc[F1_2['F1.41'] > 5, 'F1.41'] = 1
F1_2.loc[F1_2['F1.42'] > 5, 'F1.42'] = 1
print(F1_2)
```

控制台输出 F1_2 表

	label	ID	F1.1	F1.2	...	F1.39	F1.40	F1.41	F1.42
0	0	24636	0.000000	0.000000	...	2016/5/18	0	0	0
1	1	24637	0.000000	0.000000	...	2016/5/18	0	0	0
2	0	24641	0.000000	0.000000	...	2016/5/19	1	0	0
3	0	24642	0.000000	0.000000	...	2016/5/18	0	0	0
4	1	24644	0.000000	0.000000	...	2016/5/19	1	0	0
...	...	...	...	...	...	...	...	...	...
689940	1	2238419	0.000000	0.000000	...	2016/5/17	2	1	0
689941	1	2238421	13.449395	0.457281	...	2016/5/15	0	1	1
689942	0	2238422	0.000000	0.000000	...	2016/5/17	2	1	0
689943	0	2238425	0.000000	0.000000	...	2016/5/17	2	1	0
689944	0	2238426	0.000000	0.000000	...	2016/5/15	0	1	1

[689945 rows x 44 columns]

4. 缺失值处理

```
# 二次产生的变数
F1_2['F1.43'] = F1_2['F1.26']/F1_2['F1.27']
F1_2['F1.44'] = F1_2['F1.32']/F1_2['F1.33']
F1_2['F1.45'] = F1_2['F1.24']/F1_2['F1.23']
# 空值替换为 0
```

```
F1_2 = F1_2.fillna(0)
# 二次产生的变数
F1_2['F1.46'] = F1_2['F1.34']/F1_2['F1.15']
# 空值替换为均值
mean = F1_2[['F1.46']].mean().values[0]
F1_2 = F1_2.fillna(mean)
print(F1_2)
```

控制台输出 F1_2 表

	label	ID	F1.1	...	F1.44	F1.45	F1.46
0	0	24636	0.000000	...	1.0	0.817469	0.728440
1	1	24637	0.000000	...	1.0	1.188436	0.900480
2	0	24641	0.000000	...	1.0	1.012161	0.810034
3	0	24642	0.000000	...	1.0	0.000000	0.636087
4	1	24644	0.000000	...	1.0	0.000000	inf
...	...	...	...	...	...		
689940	1	2238419	0.000000	...	1.0	1.034079	0.737343
689941	1	2238421	13.449395	...	1.0	0.957794	0.896743
689942	0	2238422	0.000000	...	1.0	0.929801	1.060992
689943	0	2238425	0.000000	...	1.0	1.022314	1.082427
689944	0	2238426	0.000000	...	1.0	0.000000	0.023271

[689945 rows x 48 columns]

用聚类算法产生新特征，并把结果写入表格中，代码如下。

```
# 将用户与酒店资料做聚类分析
# 设置要进行聚类的字段
loan1 = np.array(F1_2[['F1.1','F1.2','F1.3','F1.4','F1.5','F1.6','F1.7']])
# 将用户分成 3 类
clf1 = KMeans(n_clusters=3)
# 将数据代入到聚类模型中
clf1 = clf1.fit(loan1)
# 在原始数据表中增加聚类结果标签
F1_2['F1.47'] = clf1.labels_
# 设置要进行聚类的字段
loan2 = np.array(F1_2[['F1.21','F1.22','F1.23','F1.24','F1.25']])
# 将用户分成 3 类
clf2 = KMeans(n_clusters=3)
# 将数据代入到聚类模型中
clf2 = clf2.fit(loan2)
# 在原始数据表中增加聚类结果标签
F1_2['F1.48'] = clf2.labels_
table_database = F1_2
print(F1_2)
```

```
# 将文件写入 table_database.csv, 路径为相对路径
table_database.to_csv(' 用户流失数据 /workeddata/table_database.csv',
index=False,encoding="utf_8_sig")
```

控制台输出 F1_2 表

	label	ID	F1.1	F1.2	...	F1.45	F1.46	F1.47	F1.48
0	0	24636	0.000000	0.000000	...	0.817469	0.728440	0	0
1	1	24637	0.000000	0.000000	...	1.188436	0.900480	0	1
2	0	24641	0.000000	0.000000	...	1.012161	0.810034	0	0
3	0	24642	0.000000	0.000000	...	0.000000	0.636087	0	0
4	1	24644	0.000000	0.000000	...	0.000000	inf	0	0
...	...	...	...	...	...	...	...	...	...
689940	1	2238419	0.000000	0.000000	...	1.034079	0.737343	0	1
689941	1	2238421	13.449395	0.457281	...	0.957794	0.896743	2	0
689942	0	2238422	0.000000	0.000000	...	0.929801	1.060992	0	0
689943	0	2238425	0.000000	0.000000	...	1.022314	1.082427	0	0
689944	0	2238426	0.000000	0.000000	...	0.000000	0.023271	0	0

[689945 rows x 50 columns]

6.5.3 数据挖掘

建立模型，代码如下。

```
import pandas as pd
import numpy as np
import xgboost as xgb
from sklearn.model_selection import train_test_split

# 读取文件 , 路径为相对路径
table_database = pd.read_csv(' 用户流失数据 /workeddata/table_database.csv')
# 名义特征设定。大部分名义特征在读取时会被转变为数值特征，为此，要将这些特征转换为名
义特征
table_database['F1.47'] = pd.factorize(table_database['F1.47'])[0]\
.astype(np.uint16)
table_database['F1.48'] = pd.factorize(table_database['F1.48'])[0]\
.astype(np.uint16)
# 删除列
table_database = table_database.drop(['F1.38', 'F1.39'], axis=1)
# 设为目标
df_train = table_database['label'].values
# 删除列
train = table_database.drop(['label'], axis=1)
# 随机抽取 90% 的数据作为训练数据，剩余 10% 作为测试资料
X_train,X_test,y_train,y_test = train_test_split(train,df_train,test_size = 0.1,random_state = 1)
```

```
# 使用 XGBoost 的原生版本需要对数据进行转化
data_train = xgb.DMatrix(X_train, y_train)
data_test = xgb.DMatrix(X_test, y_test)
# 设置参数
# 以 XGBoost 训练。max.depth 表示树的深度，eta 表示权重参数，objective 表示训练目标的学习
函数
param = {'max_depth': 4, 'eta': 0.2, 'objective': 'reg:linear'}
watchlist = [(data_test, 'test'), (data_train, 'train')]
# 表示训练次数
n_round = 10
# 训练数据载入模型
data_train_booster = xgb.train(param, data_train, num_boost_round=n_round, evals=watchlist)
# 以 XGBoost 测试。分别对训练与测试数据进行测试，其中 auc 为分类器评价指标，其值越大，
则分类器效果越好
# 计算错误率
y_predicted = data_train_booster.predict(data_train)
y = data_train.get_label()
accuracy = sum(y == (y_predicted > 0.5))
accuracy_rate = float(accuracy) / len(y_predicted)
print(' 样本总数   :{0}'.format(len(y_predicted)))
print(' 正确数目   :{0}'.format(accuracy))
print(' 正确率   :{0:.10f}'.format((accuracy_rate)))
```

输出结果

```
[16:06:33] WARNING: C:/Users/Administrator/workspace/xgboost-win64_release_1.1.0/src/objective/
regression_obj.cu:170: reg:linear is now deprecated in favor of reg:squarederror.
[0]     test-rmse:0.47570   train-rmse:0.47536
[1]     test-rmse:0.45924   train-rmse:0.45853
[2]     test-rmse:0.44816   train-rmse:0.44718
[3]     test-rmse:0.44050   train-rmse:0.43929
[4]     test-rmse:0.43534   train-rmse:0.43384
[5]     test-rmse:0.43178   train-rmse:0.43008
[6]     test-rmse:0.42930   train-rmse:0.42744
[7]     test-rmse:0.42747   train-rmse:0.42544
[8]     test-rmse:0.42613   train-rmse:0.42400
[9]     test-rmse:0.42503   train-rmse:0.42280
[16:06:39] WARNING: C:/Users/Administrator/workspace/xgboost-win64_release_1.1.0/src/objective/
regression_obj.cu:170: reg:linear is now deprecated in favor of reg:squarederror.
样本总数 :620950
正确数目 :459992
正确率 :0.7407875030
```

预测的正确率为 0.74，效果还可以。

使用 **F-measure** 进行评价测试，代码如下。

```
# 将数组转为 DataFrame
y_train_f = pd.DataFrame(y_train)
y_predicted_f = pd.DataFrame(y_predicted)
# 新建列，列值为索引值
y_train_f['index'] = y_train_f.index.values
y_predicted_f['index'] = y_predicted_f.index.values
# 重命名列名
y_train_f.columns = ['train','index']
y_predicted_f.columns = ['y_n','index']
# 新建列，列值为 0
y_predicted_f['test'] = 0
# 当 y_n 列值大于 0.5 时，把 test 列的值替换为 1
y_predicted_f.loc[y_predicted_f['y_n'] > 0.5, 'test'] = 1
# 读取列
y_predicted_f = y_predicted_f[['test','index']]
# 根据 index 合并表
F = y_train_f.join(y_predicted_f.set_index('index'),on='index')
# 读取列
F = F[['train','test']]
# 求 train 等于 1 和 test 等于 1 的数据数量
tp = F[(F.train == 1) & (F.test == 1)].test.count()
# 求 train 等于 0 和 test 等于 1 的数据数量
fp = F[(F.train == 0) & (F.test == 1)].test.count()
# 求 train 等于 1 和 test 等于 0 的数据数量
fn = F[(F.train == 1) & (F.test == 0)].test.count()
# 求 train 等于 0 和 test 等于 0 的数据数量
tn = F[(F.train == 0) & (F.test == 0)].test.count()
# 对比两种方式的准确率，可以知道 F-measure 的方式较 AUC 效果差
P = tp/(tp+fp)
R = tn/(tn+fn)
F1 = 2*P*R/(P+R)
print('F-measure 值 ：{0:.10f}'.format(F1))
```

输出结果

F-measure 值 ：0.6834242129

0.68 的 F 值（[0，1]）说明模型比较有效，可以使用。